The Inherent Speed of the Universe

宇宙原速

QI HONG　XING HAO

其弘　星豪　著

AMERICAN ACADEMIC PRESS

AMERICAN ACADEMIC PRESS

By AMERICAN ACADEMIC PRESS

201 Main Street

Salt Lake City

UT 84111 USA

Email manu@AcademicPress.us

Visit us at http://www.AcademicPress.us

ISBN: 979-8-3370-8952-2

Distributed to the trade by National Book Network Suite 200, 4501 Forbes Boulevard, Lanham, MD 20706

10 9 8 7 6 5 4 3 2 1

内容简介

《宇宙原速》是一部关于大自然奥秘的开放式宇宙物理学专著。该书逻辑严密，思维创新，系统地梳理了人类的传统认知，特别指出人类在哲学和经典运动学上的认知盲区，继而发现了宇宙的固有速度，揭示了物体运动的根本规律。书中详细阐述了宇宙中各种现象背后的物理机制，首次提出宇宙膨胀的本质是一种周期性运动，并逐一解答了物质的形成、光速不变原理、惯性的本质、万物的恒动、万有引力的产生等令人困惑的自然界难题，系统而全面地揭示了星系运动的整体规律，阐释了此前未被发现的宇宙运行原理，破解了人类对时空的长期谜团。内容涵盖科学、哲学、方法论等多个领域，以独特的视角为读者呈现了一个全新的宇宙图景，使众多致人迷幻的流言不攻自破。无论对于专业科研人员，还是对宇宙充满好奇的普通读者，《宇宙原速》堪称一本难得的解惑释疑之作，具有开创性的历史意义。

作者简介

吴锡雄：中山大学电子与信息工程学院教师。早年投身无线电通讯领域，随后专注于逻辑电路设计与电子硬件开发，同时，在宇宙物理领域独自探索长达三十余年，广泛阅读爱因斯坦、牛顿、开普勒等中外科学家的相关著作，早年曾发表过《宇宙的固有速度》和《宇宙的年龄和半径》等学术论文。其研究范畴极为广泛，涵盖时空形态、万物的固有速度、物质生成、宇宙动力来源、电性与磁性、自由落体、万有引力的性质、光速奥秘、惯性原理及星系连动系统等多个层面。其研究成果不仅充实了宇宙物理学的理论体系，更为后续研究提供了重要的方法论参考。

目录

绪论

我不知道是否会触怒“上帝”，因为我知道“上帝”是谁

月球之于嫦娥，太阳之于神车……古老的民间神话赋予大自然神秘色彩，寄托人们无限情怀。笔者曾经想过：一旦去掉那层神秘面纱，人们是否会因为宇宙的诡谲多变变得清晰可辨而感到失落——保留那些美丽的传说，固然能让我们的思维更富想象空间，但毕竟真相远比假象好，因为它关系到人类观念的导向、世界的未来，乃至防止邪教滋生的根基。为此笔者还是决定将真正的“上帝”告诉大家。

所谓“上帝”，应该是指万物的“主宰”。不过有一位著名的科学家这样说过：万物的“主宰”不一定是一个像人一样的东西，但这个主宰应该是有的。这话说得没错，例如：宇宙的根源是什么；是什么驱使宇宙永无休止地运动；宇宙的动力来源于什么；这三个“什么”的样子肯定不像人，但显然就是“上帝”。

要破解“上帝”，应该先给宇宙一个定义。中国古代早已对宇宙有所说法，如西汉的《淮南子·齐俗训》：“往古来今谓之宙，四方上下谓之宇”，认为宇宙就是时间和空间。现在颇具代表性的解析是：宇宙是万物的总称，是时间和空间的统一。遗憾的是，这些观点仍与宇宙的真相相去甚远，因为人类至今尚未对时间和空间给出令人信服的解释。尽管存在各种流行的说法，但这些说法往往摸棱两可，使得自然界的这两个根本问题依旧扑朔迷离。所以，上述宇宙定义缺乏本质支撑，难以系统地揭示宇宙的真相。

便以空间为例，大家说宇宙是有限的还是无限的？如果是有限的，它的边界在哪里，边界之外又是什么，是不是空间，不是空间又是什么？

假如是无限的，宇宙“加速膨胀”的意义又何在（本来便是无限的东西如何膨胀）？估计至今也未有人能够给出完美的解析，而对于大多数读者而言，甚至都无法想象。

正因为这样，文中在没有正式定义宇宙之前，为了方便讨论，许多地方笔者都以“自然界”作为代称。

至于宇宙来源，现代宇宙物理学家似乎有了一个基本共识：根据广义相对论所预言，认为宇宙是由大约 137 亿年前发生自宇宙奇点的一次大爆炸所形成，宇宙内所存物质和能量都聚集到了一起，称之为 0 维空间点。宇宙奇点是一个密度无限大，热量无限大，温度无限高，压力无限大，时空曲率无限大，体积无限小的“点”。在奇点，宇宙处于高密高温高压的可逆动态热平衡 0 维空间状态，宇宙引力能量和宇宙斥力能量瞬间先后处于无穷大。这次大爆炸的反应原理被物理学家们称之为量子物理。大爆炸使物质四散出去，宇宙空间不断膨胀，温度也相应下降，后来相继出现了宇宙中的所有星系、恒星、行星乃至生命。只可惜这个理论没有具体解析大爆炸之前的宇宙形态。

最早提出现代宇宙大爆炸理论的是 1932 年的勒梅特。1946 年美国物理学家伽莫夫正式提出大爆炸理论。大爆炸宇宙模型认为，宇宙起源于 100 多亿年前的一个原始火球。这个理论似乎解决了宇宙学三大疑难：视界疑难、平坦性疑难、磁单极子疑难。但其依据宇宙学原理，认为奇点在所有空间爆发，这似乎又有点神奇。

大爆炸理论最早也最直接的观测证据包括从星系红移观测到的哈勃膨胀、对宇宙微波背景辐射的精细测量、宇宙间轻元素的丰度，而今大尺度结构和星系演化也成为了新的支持证据。这四种观测证据有时被称作“大爆炸理论的四大支柱”。可是宇宙大爆炸理论并没能很好地解析物理学家索尔•珀尔马特、布莱恩•施密特与亚当•里斯“透过观测遥远超新星而发现的宇宙“加速膨胀”的现象”。三位科学家曾因此共同获得 2006 年邵逸夫天文学奖和 2011 年诺贝尔物理学奖。

无可否认，透过观测遥远超新星的红移变化得出宇宙加速膨胀的结论，肯定有其正确的地方，然而，科学家们在得出宇宙加速膨胀的结论时，尚未充分阐明其背后的原因，这使得结论略显模糊，并可能含有某些问题。特别是，他们未将宇宙膨胀过程中球面弧线曲率逐渐减小的因素纳入考量——这一变化能够导致光波周期延长，从而使其频率下降，同样可能成为超新星红移变化的一个原因。

其实从2000多年前的古代哲学家到现代天文学家都一直在探索时空的根本问题。对于时间，牛顿认为是独立存在的，犹如河流一般静静地流淌。而爱因斯坦却认为时间是人的错觉，本质上也是空间，不存在单独的时间。对于空间，人们的一般理解是宇宙提供一个无限大空间，让万物在空间里运动，就像鱼儿在鱼缸里游弋一样。总之各家各说，莫衷一是。结合哥白尼、赫歇尔、哈勃的从太阳系、银河系、河外星系的探索宇宙三部曲，宇宙学似乎已经不再是幽深玄奥的抽象哲学思辨，而是建立在天文观测和物理实验基础上的一门现代科学。遗憾的是，尽管时至今日，对于这两个问题，依然无人能够给出令人信服的解析。避开问题细节的长篇大论就如同舍本求末、去源觅水。

由于牛顿和爱因斯坦都曾将万物的主宰归因于上帝，人们常说：物理学无法解决的问题，哲学可以解决；哲学无法解决的问题，神学能够解决。这无疑是个莫大玩笑，因为科学和神学本质上格格不入。两者的根本区别在于：科学最讲求细节；而神学最忌讳细节——离细节越近距神学越远，离细节越远距神学越近。细节代表事物的真相，因此，世界上许多很平常的问题神仙也无法解决。比如祂自身的来源问题；又假如问祂怎样创造万物，想其肯定一片茫然——只要把问题稍微细节化，神仙就无能为力。

哲学的普遍意义是有严密逻辑系统的宇宙观，它研究宇宙的性质、宇宙内万事万物演化的总规律、人在宇宙中的位置等等一些很基本的问题。

然而，被喻为经典的西派哲学就其标榜的“总规律”也存在着很大问题。西派哲学没有办法给出宇宙的根本法则，甚至在某种程度上桎梏人们的宇宙思维。譬如“一分为二”问题，现在人们通常将它与“事物都有它的两面性”混为一谈，实际上那是完全不同的两个概念：“一分为二”原指任何物体在物理上都可以被分割成两部分，即所谓“一尺之棰，日取其半，万世不竭”。而“事物都有它的两面性”是指任何事物都有自身的对立面——有正面必有反面，有上面必有下面……同一事物无论分成多少部分，任何部分仍然存在着对立的两方面——自然界不存在单方面的事物。“一分为二”实际上存在一种常识性错误，这种错误源于没有考虑物体的两端是如何形成的情况下的局部认识。读者试着将脖颈上那根项链解开，结果发现只有一段而非两段；又比如一只橡胶圈被剪断后结果也只有一截。实际上物体是“一分为一”“二分为二”“三分为三”……

现实中的许多习惯认知未必就是真理，例如，人们往往以为运动必然源自静止，高温必然始于低温，然而这些观念并不符合客观事实。正如是地球产生宇宙还是宇宙产生地球的道理一样，切忌以偏概全用直觉去判定真相，否则将会导致诸如四基本力来源、光速不变、惯性起源之类问题，我们甚至穷尽想象，也难以编出一个合理的解释。之所以造成对寻常事物的认知错误，就因为我们的思维方式与宇宙的真相存在着极大差异。

知其然而不知其所以然，是人类对宇宙认识的普遍现象。如中学课本中给出的物质定义是客观存在第一性，没有解析它何以存在。物质是怎样产生的，才是最重要的。笔者认为物质成因于动元之间的邻域阻力，是动元运动滞后倾向的展示，虽然含有运动载体的意义，但没有物质就没有运动。这与汽车载人的意义不同——汽车可以被移除，而人依然存在，但物质若被移除，则运动本身也不存在。反之，如果将运动去除其载体（物质）也不复存在。运动之于物质为同一存在关系。

可以认为西派哲学具有严密逻辑系统的“地球观”而非“宇宙观”。“地球观”与“宇宙观”的差别简直判若云泥——前者几乎对人类屏蔽了所有自然界终极奥秘。人类对宇宙的了解有限，这与其根深蒂固的“地球观”不无关系。

一般地，一个新的理论如果未经数学解读，往往会被认为缺乏可靠性，含有水分。然而，任凭你如何使用数学论证，也始终无法将自然界的许多终极真相描述清楚。最为明显的比如宇宙的恒动问题，你就无法使用现有的数学理论去求解真相。这等于告诉我们在数学领域仍存在诸多盲区，否则我们为何会对身边许多常见现象无能为力？

稍作思考，似乎我们过去从没关注过超越数的极端性质问题，或只草率地将其归类为普通无理数，乃至将其视为普通常数。实际上，超越数既非普通无理数又非普通常数，原因是它不能满足任何整系数代数方程，故应归属于恒动数一类。圆周率π就是典型的恒动数。人们想当然地认为圆周长和直径是常数，两者之比必然也是普通常数。殊不知任何指定半径的圆其周长都是恒跳动的；反之，任何指定圆周的半径也是恒跳动的。推而广之，任何指定半径的球面都是恒跳动的；任何指定球面的半径也是恒跳动的。π表示的是“永恒变化”的意思，任何涉及π的运算都隐含着这一意义，是故，其应被视为特殊的常数。将π看成普通常数跟人类的静态思维有关，静态思维不能揭示宇宙真相。

刚入学不久老师就告诉我们：自然界的一切都是运动的。可实际上更多的老师连自己也认为今天的事物乃是昨天的事物。这可是一个标志性的错误，你想，如果过去的事物都一成不变地保留到今天，那么新的季节、植物、动物以及气候和地质的变化将无处安放。时空不断更新才是事实，一成不变的观念形成于横向观察事物的习性，是典型的与自然界本质相悖的静态思想，动与静不可兼之，犹如生与死不能同时存在于一体一样。

有趣的“一笔划”游戏最简单的图形莫过于圆，可千万别以为问题跟这图形一样简单，都知道由圆构成的球面是相同表面积中体积最大的形状，说明它的问题也最多最复杂。人们只习惯关心圆的横向运动，诸如机械传动，车船行进之类，却偏偏忽略了它的纵向运动，比如膨胀运动，哪知那正是自然界的基本运动。实际上，圆应被视为万物之源，它隐藏着无尽的科学奥秘。只要识破圆，宇宙将无秘可言。

真相固然重要，求解真相的方法更为重要。大夫看病是通过患者的病象去寻找病灶，而非通过病象去寻找更多的病象；正如考古工作者发掘出一堆瓷片，要求解这堆瓷片的真相你得将其逐一对接起来才能明白这原先是一只被打破的梅瓶，而不是将其进一步去粉碎它。病灶和梅瓶衍生出来的问题显然具有发散性，即真相所映射的问题往往趋向于复杂化。因此，要求解真相关键在于逆向整合已知现象，简而言之，通常存在这样的一个规律：判断方法正确与否，要看整合问题的过程是否倾向收敛，若肯定，方法也是肯定的，反之亦然。宇宙的万变都与其根源有关，正如患者的病象都与病灶有关，混乱的瓷片都与梅瓶有关一样，只要将纷繁复杂的现象相互关联并反向重新整理，就不难发现‘上帝’（指自然界本质或真相）的真正面目。

本文开头曾经说过：求解“上帝”对于人类的现实和未来关系重大。美国前总统奥巴马在一次演讲中曾说过，全球人类目前面临着能源、病毒、环境和核武四大危机，希望成为有志青年的主攻方向。显然，这四大危机都指向宇宙的根源。

这是一本关于大自然奥秘的开放式宇宙物理学专著。书中系统而全面地描述了自然界运动的整体规律，揭示了此前未为人知的宇宙运行法则，解答了人类对时空的长期困惑。内容涵盖科学、哲学、方法论等多个领域，以独特的视角为读者呈现了一个全新的宇宙图景，使众多致人迷幻的流言不攻自破。鉴于本著述在历史上尚属首创，为此，书中行文造句难免出现一些令读者颇感陌生的宇宙终极言词。尽管笔者力求通俗易懂，但毕竟水平有限，无法求全，故务请读者在阅读时不遗巨细保持足够耐心，以免造成思维中断。

此外还须着重说明：本读物讨论的是宇宙终极问题，比如“光速不变”，说明的是光速为什么不变，并不涉及其它相关问题，凡文中所罗列的事例也一律忽略光速导致的误差。例如拍摄一张照片，就不考虑光速效应，认为照片中的景像质点都具有同时性。此外笔者还认为，光速是一个固定且独一无二的整体概念，既然“光速不变”，就意味着其不可增减、合成或拆分，不能将其视同一般速度与物体运动速度进行混合算术运算。因此，本读物专注于洛伦兹变换的数学形式和理论基础，而不深入探讨其在狭义相对论中所描述的时空效应，如时间膨胀和长度收缩。

笔者希望在揭示宇宙奥秘的同时得以借助读者之力，让全球人类站在新的台阶上，更加清晰地浏览自然界。然而，纵使很努力，要把宇宙讲清楚也非易事，面对读者的审视，必然迎来无穷的质疑与驳辩，这也正是笔者所期待的。

2025.09.25

中山大学

1、问题的提出

一些简单的问题却不好解答，只要你解开以下的一个问题，便可窥见造物主的秘密

譬如：人类源自猴子，猴子又起源于什么？为何每个人的面孔都不一样？地球上为何找不到两片完全一样的叶子？在自然界中，为何见不到两条完全相同的河流？先有母鸡还是先有鸡蛋；物质（物体）为什么都具有惯性；万有引力的根源何在；磁极为什么同性相斥异性相吸；为什么光速不变……

当你遇到孩子们提出这样的问题时——为什么要吃饭？我们是从哪里来的？门前那棵柿子是什么形状？起初，你会觉得问题很幼稚、很肤浅。然而，随着进一步追问：为什么会感到饥饿？母亲为什么能生出小孩？那棵柿子为什么长成那样子？问题就不那么好回答了。假如将问题继续追问下去，估计当今人类谁也回答不出来。原因很简单，你身边的一切问题都链接到自然界的终极问题：宇宙中的每一个现象都遵循着从有序向无序的发展趋势。在这个过程中，每一个细节都与整体息息相关，正如一棵大树的千百片叶子与根系相连。只要找到其中一个问题的根源，就能明白宇宙的终极真相。

假如用现今流行的“维度”概念（关于“维度”的意义下文再作解析）来作比较分析，从宏观上看起来问题都具有三维性质：即问题的科类为一维；问题所涉及的范围为二维；其演化的深度为三维。如花鸟虫鱼，五谷家禽为一维，其分布的范围为二维，而它们的纵深演化过程为三维。问题的第三维构成宇宙的演变史。

人们往往局限于问题的表面或浅层次维度，却忽略了至关重要的第三维审视。例如探究路边一块石子，重要的不是它的品质和形状，而是它的来源。石子源自何方？眼前的一株小草或随处可摘的野果，在数百万年前是什么？再之前又是什么？人类的文明也是一个很好的说明，比如一个电灯，其亮度不是核心所在。大家都知道它之所以能够发光，是因为电流把灯丝加热至白炽状态的缘故，而电流又因为电场力作用于导体中的自由电荷而产生。关键在于电场力的背景是什么，正负电荷为何同种相斥异种相吸？至今也没有人作出完美的解析。问题的层次似乎深不见底。

两类问题

故此，“问题”的真正意义在于对事物纵深层次的质问。“质”即本质与事实的统称，是探究事物内在属性的学问。当然“问”也可以理解为疑问。按照形而上的观点，“事物”和“本质”都是客观存在的。实际上，当事物的本质尚未明晰时，疑问便客观地存在，至于是否需要提出来，则取决于主观意愿。在其真相被揭示之前，客观上必然存在着对事物本质的疑问。因此，生活中的‘问题’往往关联着‘事物’与‘事件’，若对一切事物与事件均无疑问，自然界的一切便会瞬间明朗。

接下去笔者将告诉大家自然界一共有多少问题，但先得理清它的两个类别：一是人为问题；二是自然问题：凡是由生命体有意识行为产生的问题，被称之为人为问题；反之，则归类于自然问题。举例说：让你去捕捉一只麻雀，应该不是难事，而让你动手去制造一只麻雀，能做到吗？同理，麻雀能产出雀蛋，而让它生产一枚硬币你说行不行？捕杀麻雀是人为问题；麻雀产蛋即为自然问题。这里务必注意的是，人为问题和自然问题是两类相互排斥、制约乃至冲克的问题。自然力量可以抹去人为的痕迹，例如许多历史建筑现已不复存在；而人为活动也能对自然环境造成巨大破坏，如捕杀麻雀、砍伐森林、开采矿产等，这些都是典型的人为问题。

两类问题之所以互不相容，是因为其形成的因素互相冲突：形成自然问题的因素是无穷的，而形成人为问题的因素却是有限的。用无穷的手段肯定做不出有限的事物，比如制造一块手表，绝对用不着风雨雷电去洗礼或长年累月的风化。锤子不会自然生长于土壤之中，桌子和汽车更不会由山体滑坡等自然现象所造就。相反，用有限的手段也制造不出自然的事物：我们不可能制造出一蔸小草、一粒苞谷或者一块牛肉，甚至修削不出一个随意落在河边的石子乃至一坨被风干的泥巴。

这种情况说明生物的感知能力之于自然界的信息显得极其渺小。比如，人类眼睛所能感知的电磁波（光）频率范围极为有限，仅在 3.9×10^{14} 至 $8.6\times10^{14}Hz$ 之间，超出此范围则无法察觉。而自然界的各类辐射源的电磁波谱是相当丰富、相当宽阔的——无线电波、红外线、可见光、紫外线、x 射线、 γ 射线等等都属于电磁波种类。又比如我们人体对温度的感知：当你闭上眼睛单靠双手触摸肯定分辨不出分别为 800℃和 1000℃的两根烧得通红的铁棒。这固然是手心的感知，如果你是以身体（裸体）拥抱的方式去感知的话，恐怕你连-100℃和+100℃也分辨不出来，因为那样的话只在瞬间就失去了性命。但宇宙的最低温度是绝对零度（-273.15℃），最高温度可达数十亿摄氏度。此外，人的耳朵能够感受到声波范围也只在 $20Hz$～$40kHz$ 之间，对次声波和超声波我们都“充耳不闻”。人们之所以对存在决定意识还是意识决定存在的哲学问题长期争论不休，就是因为不了解超出想象之外的大量的自然界信息。由此可知：人类意识不能决定存在。

正因为生命对自然界信息的感知微不足道，才使得简单与复杂形成对立，导致人为问题与自然问题相互冲克。 我们平时摸得着、看得见的东西无论你如何也想象不出来，比如你无法说清楚河边的一块石子的形状，也无法绘制出一棵自然生长的梨树；世界上最厉害的演说家也无法 100%地讲明白他误吞臭蛋的真实感觉。相反，凡是人类想象出来的东西自然界一个也没有，比如你精心描画出来的美人儿在这个世界上绝对找不着；我们过去学过的几何图形就连最基本的三角形、长方形乃至一条直线也不在自然界中存在。因此，求解宇宙的真相，必需从自然问题入手。

问题的根源思想

所谓根源是指问题的终极出处。任何问题都有根源，追求问题的根源是最基本的宇宙思想。唯问题而论问题，唯现象而论现象是地球观的静态思想。无法也根本无意求解真相的思想是神学思想。

大家也许注意到：警察在侦办案件的时候，只要多个现场出现共同点，便会采取并案处理。这样做的原因何在？因为通过综合几个现场的共同特征，可以将查找案件真相的条件从无限变为有限，利于圈定作案者的范围，从而降低破案成本。

同理，乡人去围猎，譬如：东家失去一只鸡，你很可能判定系黄鼠狼或其他肉食动物所为，甚至怀疑到一条菜花蛇。但如果同时西家又丢失一只羊，你就会联想到豹子或野狼所为；倘若南家又不见了一个大活人，那你围猎的对象就要锁定老虎了，因为大虫更符合对三者作案的条件。类似的例子在现实生活中是不是很多？

推论：两个或两个以上问题只要相互存在一个共同点其根源必定相同。共同点越少根源越深，反之越浅，问题的所有对应点都一致便是同一问题。

自然界中很多问题都存在一个或多个共同点，比如：人类和猩猩的基因相似度很高，表明为同一祖先。人类与猴子也有较高的基因相似度，同样指向同一祖先。此外，人类与猫狗虎豹也有共同点，比如原始胚胎或骨骼毛发都有相同的地方，远古祖先也肯定相同，只是年代较为久远罢了。又比如：两棵桔树上的叶子有很多共同点，它们的祖宗也必然相同。南瓜和西瓜、青梨和白梨、苹果和山楂也必为同一祖先，因为它们也有许多共同点。追踪下去可以肯定，一切动物（包括昆虫在内）都为同一祖先，一切植物也为同一祖先，连同动物植物在内的一切生命都为同一个祖先，关键视其共同点多寡而区别于亲缘深浅而已。人类和猩猩较之人类和猴子，前者共同点较后者多，其共同的祖先肯定也比后者浅近；桔子和橘较之桔子和柚，前者是因为环境变迁导致的变异，其共同根源肯定比后者浅。由此推至其它事物比如两个石子之间或者两个山丘之间乃至星系之间其根系分支的深浅程度也必然遵守这个规律。

受此启发，我们似乎发现了一个现象：自然界的事物（问题），从最初起源到当前时刻，其发展历程分明展现出树形结构的特点。随着时间的推移，一个事物的分支（如树冠）逐渐扩展，且这种增长趋势稳定而持续，具有普遍意义。例如，从祖辈太爷和太奶奶的两张面孔开始，经过数代的繁衍，如今兄弟姐妹的面孔已汇聚成数十张。这种一代接一代的繁衍轨迹，正如大树不断分叉的枝叶一般。其他事物，如水稻，亦是如此：一粒种子播植出一条禾穗，一条禾穗又播植出百十条禾穗……

自然界事物的演变轨迹呈树形结构的情形说明宇宙“问题”有根可寻，且可以依据其共同点的多少去区分根源的深浅程度，这显然是个重要课题，在后续的章节中笔者还会作进一步的分析。现在，我们先来讨论一下事物演变的“树形冠面”。“树形冠面”是事物发展的端面，所反映的是其历史截面。“面”代表了事物演变的任何瞬时空间，那么，过程就是时间。所以说时空是同一事物的两方面，是同一问题的两个认知。“树形冠面”真实地反映出宇宙的时空端面——某一具体事物的演变史实际就是宇宙演变的一部分。不难发现，“树形冠面”的实况情景都是唯一的，也就是说，宇宙情景永不重现，刚才瞬时的自然界是刚才的“树形冠面”；眼前瞬时的自然界是眼前的“树形冠面”；而下一瞬时的又为下一瞬时的“树形冠面”，三者完全不同一回事，任何瞬时的都由之前的变化而来，绝不可能出现多次情景重叠的现象。回顾我们人类，当然也是自然界的“事物”，自然界演变史的“树形冠面”也包含着我们人类的历史实况。

表象的背后

将事物的“树形冠面”连同它的根源抽象化就是一个“锥形体”。结合“锥形体”尖端无限小的数学特性，将所有宇宙事物“锥形体”组合起来，其尖端也是无限小，就是一个点（这个点另有释义，详见下文）。实际上，自然界万物本来就相互关联着，尽管宇宙星球之间看起来遥不可及，实则彼此均受到时空束缚。人类在登陆月球的过程中，照常使用时间计时就是例证。星球之间乃至粒子之间都充塞着由物质释出的时空基本单位（时空基本单位就是宇宙动元，由空间质点不断被分割所产生，参考稍后的专题分析）。联系到球面有一个中心，那么组合起来的“树形冠面”便因此构成了一个球面，而且正好是一个而非多个，它就是宇宙球面。根据时空同一原理，宇宙球面正是自然界的时空端面，也就是时空球面。

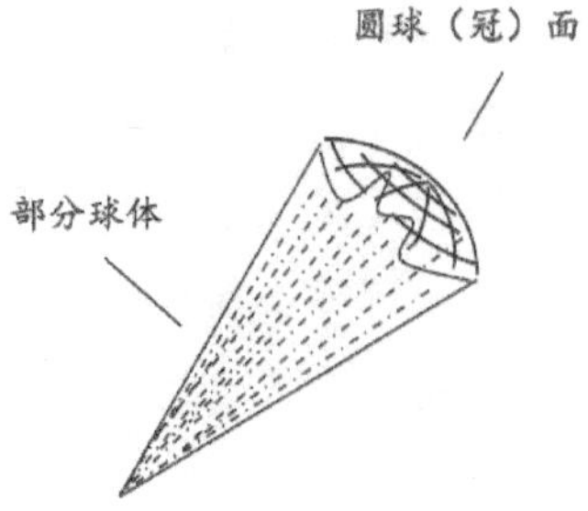

图 1　圆球面锥体

时空球面不会有多个，否则球心不可重合，与万物同源和空间连续有矛盾。当然也不可能只有半个或大半个，那样就意味着空间缺失。空间缺失叫作“誟谬域”。“誟谬域”是无法形容之“域”，已超出人类的想象和幻想境界，没有描述价值（见后文）。

有的读者还是感到困惑：怎么证明集合起来的“树形冠面”是一个球面而不是其他比如菱角面或者鱼鳞状面呢？要解答这个问题其实并不复杂，只要我们设法去证明“锥形体”是“圆球面锥体”（图 1 所示）就行。

时空的形状

相信大家在生活中会经常遇到：一些建筑工地上的河沟堆垒顷刻间就被夷为平地；任何形貌的山川石壁也会被随意炸开推平；一块硬度为 10 的金刚石可以任凭切割打磨；一根原木能够被捣碎成浆液制成纸张；一座楼房说不定什么时候便土崩瓦解……这一切都说明自然界任何物体都是可以改变的，任何形貌的实物空间都不是它们的原形。我们一眼望去凹凸不平的大自然显露出的各种形状全都是虚假的。

什么才是自然界的真实形状呢？只需换个角度去观察就会让它原形毕露：以你眼前的一片松树林为例，我们首先看一看时间的形状：那是 500 年前被北风吹过来的一颗松籽在此落地生根形成，此刻你看到的景象是这片松树林最新瞬时的时间端面，它由其中每株松树的时间端点集合而成。关键是这个最新时间端面所有的时间点离其原始种子的历史都是 500 年。同样，当今灵长类动物包括人类、猴、猿、猩猩等 11 科约 51 属 180 种都是由“猴子”进化过来的，追溯到形成这些种群的“原初猴子”，大家进化的时间也是相同的。两个例子的共同点在于两者都是由原来的一个时间点辐射出 n 个时间点。但要注意，到目前瞬时是 n 个时间点的集合（如图 2 所示）。

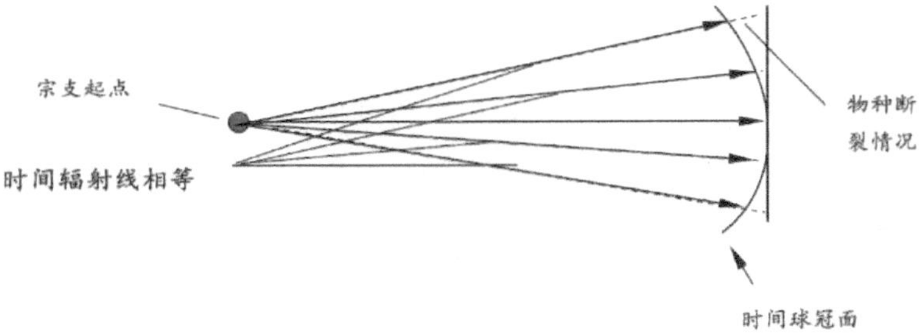

图 2　时间端面图示

从图示中我们不难发现，当 n 条长度一致的时间辐射线的端点汇聚于一处时，它们所构成的端面形态必然是球冠面。如果是平面的话，将会出现两种情况：一是这些辐射线的端点全部重合，即这些物种为同一物种，例如那片 500 年前落地生根的松树林到目前只有一棵。同样，包括人类、猴、猿、猩猩等全为同一种类。二是除开其中一个物种以外其余的都已灭绝，因为除了跟平面垂直那条辐射线以外别的都已断开，那些辐射线断裂的物种，意味着它们的历史出现了断裂。很显然这两种情况都与现实不符。现实中那片松树林和这些灵长类动物全都存在，而且仍在不断地发展中，说明它们的历史并没有中断，所汇成的时间端面必然是球冠面。松树林和灵长类动物都是事物的一个种类，和自然界的其他事物没有本质区别。对于宇宙而言，包括以上两个种族在内的星系万物无论其演变过程多么复杂，归根结底都是链接到一个根源上，它们的时间辐射线长度完全一样，彼此结合在一起便构成了一个球面，这就是时间的形状。

由此可见，人们常说的“同时”二字，似乎暗示时间是平面，实则不然，真相是自然界每一质点所承载的时间皆在球面之上。我们双眼的日常，于瞬息间聚焦于一点观察万物，恰恰说明这个问题。譬如观看足球比赛时，眼球紧随足球跃动，周遭观众便悄然淡出视线之外。如果时间是个平面的话就没有焦点一说，自然界景物会同时进入你的眼睛，你的眼神所及应该变得灰茫茫的一片，根本找不到北。

根据时空同一两性原理，时间的形状也是空间的形状，我们平常许多身边的情况也能说明空间也是一个球面，最明显不过的是自然界没有两质点或多质点可以重合的情况：比如两团泥巴被握在你手中，无论如何使劲绝不可能将两者捏成只有原先的一团大，反过来，也不可能将一团泥巴分成同样质量大小的两团。又好比有一天当你走过一座独木桥的时候，正好迎面过来一个人，如果质点可以重合的话，当你们俩碰面的时候就无须闪避而在毫无觉察之中各自走向对岸——这个世界压根就没有“碰撞”存在——有可能吗？恰恰相反，我们自然界的演变都充满了矛盾和竞争，这正是球面的特性：同一球面的任何质点都具有独立地位，构成同一球面的任何不同质点都不可重合——如果两质点或多质点可以重合，或者一个质点可以被分成两个或多个相同大小质点的话，球面就会出现许多坑坑洼洼或者无数的裂缝，从而失去球面的意义。

质点的重合意味着地位的无差别性，这恰是平面所独有的特性。平面上的质点，因自身与周围质点的地位等同，无法形成参照，从而失去了独特的标识。无论是将两质点还是多质点进行组合或分离，其结果依然保持平面的本质，与初始状态无异。

正因为这样，世界上找不到两张完全相同的脸孔；多人的音容笑貌不可能同时集中在一个人脸上；同样，同一张脸孔也不可能出现在众人的颅颈之上。实际上，在自然界中，不会存在两个完全相同的物体。由此可以断言：宇宙中不可能存在两个地球或两个太阳；地球上也不会有两颗完全相同的石子，抑或两片毫无差别的叶子。

宇宙球面与时空端面均为时空球面。显然，时空球面在不断更新之中，每当某一瞬时取代前一瞬时，后者随之成为历史，而历史的景象永不复现，唯有最新的瞬时才是真实的存在。读者们或许会感到困惑，认为古董和古迹也代表着历史，怎能说它们现今不存在呢？这实际上是一种常见的误解。事实上眼前瞬时展露的自然界全都是古董古迹，但不能认为是永恒不变的，举个例子：你现今手上握着的酒杯是 10 年前购买的，只要把你 10 年前同样手上握着这个酒杯的照片和现今的对比一下就明白完全是两回事，因为当年的照片中是一个青年握着酒杯，而现今握酒杯的人变成了一个中年。可见现今的时空展露情景跟以前的完全不同，无论是宏观上还是微观上都已发生了变化。过去的事物是通过变化到现在的，如果都一成不变地搬到现在的话，举例说昨天的房子原模原样搬到今天，请你将它放到一边；今天的房子又原模原样搬到明天，将它放到另一边……如此这般，光你的房子地球就放不下了——地产商早就销声匿迹。同理，你刚才站在那里开口大笑的样子也将纹丝不动地一直保持下去，对不对？可见自然界中一切只是瞬时存在：前一瞬时展露的是由再前一瞬时变化而来；现一瞬时展露的又是由此前一瞬时变化而来，切莫把每个瞬时展露的自然界叠加起来看待。我们眼前瞬时的自然界是时空的一切，是包括人类及其一切生命在内的唯一存在的空间，除此只有它的对立面，或者逝去的历史。

宇宙是一个不断膨胀的时空球面　是一切存在　是唯一

宇宙是一切，是自然界及其对立面。对立面是自然界的反面。除此没有“之外”，没有“之外”的时空和物质的特征乃至任何“存在”的属性，是人类的想象和幻想真空。人类至今也没有发明形容“除此之外”

的语言及文字词汇，笔者姑称之为“誖谬域”，不知是否准确。如果读者们有更合适的形容词，诚请即时更正。

“誖谬域”并非“对立面”：假如把所有环境比作“一切”的话，那么“一切”无非表示三个方面：自然界；自然界对立面；誖谬域。自然界，大家知道就是我们生活中的时空球面；自然界的对立面下文会作详细分析；而“誖谬域”则是人们理所当然地认为的宇宙“之外”。由于我们都生活在地球上，习惯性地认为所有空间都存在“之外”，这是根深蒂固的“地球观”所致。因此，我们只能以时间的角度来说明“誖谬域”。“誖谬域”其实并不神秘，因为无论任何光线都不能穿越昨天或者明天的空间，所以它就是相对于眼前的昨天和明天。说得更近一些，就是前一瞬时和下一瞬时。我们生活当中经常会出现像“刚才”和“过一会”的词语，你认为是空间吗？如果是的话就应该看得见摸得着或者探测得到才对，这些都是否定的：哈勃望远镜能够观测到远达数亿光年的天体，却无法观测到其自身“刚才”或“过一会”的样子；现代声呐可以探测到深达数千米的海底世界，却无法探测到转瞬之间海鱼游弋的情景，这就是“誖谬域”。“誖谬域”就是相对于目前的“过去”和“未来”，而“空间”大家知道，既看得见又摸得着也探测得到，是自然界的一切。因此，“誖谬域”便是空间的“之外”，亦即所谓的宇宙“之外”。

假如紧贴宇宙之外的是运动空间，只要其运动速度相同，它便是宇宙本身；若速度不同或寂静一片，则动、静不可共存（唯有同速才能相靠）。因此，宇宙之外并不是“空的”，而是连“空的”也没有。宇宙是唯一。自然界的一切都是宇宙的边界，我们人类就生活在宇宙的边界上。正因为这样，时空球面对我们来说并不陌生，平常生活中轻易便能观察到。例如，当你在公园漫步时，被路人按下快门的那一瞬间，便得到一张照片。照片所呈现的正是那一瞬间的自然界时空球面，你的影像则是时空球面的一部分。同时，只要你稍加留意，便会发现这实际上是一个“二维面”，这也表明仅凭直觉所感知的“多维”空间，实质上都是同一瞬时存在的所谓“二维面”的显现。

或许，有人认为宇宙之外是“虚无”，甚至认为存在“平行宇宙”，这实际上是将“虚无”与“悖谬域”混为一谈，是不正确的。宇宙之外既非“虚无”，亦非“绝对空间”，而是一个超越人类现有想象力的概念。正如生者对死者一般，我们人类不可能触及和体验“悖谬域”，因此缺乏这方面的认知，更不具备相应的想象和幻想能力，也就无法用语言和文字来描绘它。“悖谬域”也不同于“绝对空间”，“绝对空间”通常指的是不存在空气等一切物质的“绝对真空”空间，这其实是一种理想化的概念。光能够穿越这样的空间，证明其中必有传播光的东西存在。

那么，“对立面”又具有怎样的性质呢？当有人提出这样的问题时，显然是因为他的思维尚未转过弯来。切记，千万不要用我们生活中的自然界去理解“对立面”。须知，正如人类之于“悖谬域”，我们对自然界的一切概念，包括人类意识中乃至语言文字所能触及的范畴，同样也不适用于“对立面”。例如，刚才提到的“性质”“概念”等，对于“对立面”而言那叫“反性质”“反概念”。有如一些人所猜想的“反物质”“暗能量”之类更是理所当然的“自然界”认知。举例说，对于一个已经去世的人，你无论如何也无法用活人的概念去描述他。诸如劳动、文化、性格等一切针对活人的言辞，都不适用于死者，那些仅仅是对其生前状况的描述。

更需注意的是，自然界的对立面绝不能被形容为“不存在”，因为宇宙没有中间状态。在人们的普遍认知中，“有”与“无”，“存在”与“不存在”，“运动”与“静止”常被视为互为相反的对立面，其实不然。比方说有钱和没钱并非相反状态，有钱和欠钱才是相反状态。一个人要么有钱，要么没钱，不可能两者同时兼有；一片树叶要么是正面，要么是反面，绝不可能存在与之对应的第三面。跟我们关系最为密切的时间，要么是明天，要么是今天，不可能存在既是今天又是明天的时间。有人认为“现在”是过去和未来的中间状态，这话也不对。要明白，所谓“现在”，要么是过去的终止，要么是未来的开端，不会有既是过去又是未来的“现在”。诸如“无”、“不存在”或“静止”等都是用来描述中间状态的词汇，文中只为了方便表述姑且用之。

如果结合 20 世纪二三十年代美国科学家埃德温•哈勃和米尔顿•哈马逊的发现——大量星系的光均呈现红移现象，并通过研究证实几乎所有的星系都在远离银河系，且星系距离银河系越远，其退行速度就越快。迄今为止，恒星普遍出现红移，在任何外星系观测到的情形均显示宇宙中星系间的距离在不断扩大的太空状态。

那么，这正好表明，“存在”是一个持续膨胀的时空球面，其形态类似于一个不断膨胀的气球，所有质点都在相互远离。时空球面的持续膨胀，造成一：释放形态——自然界以熵增的方式发展演变。二：星系运行、万物旋动及其相互绕动。

时空球面作为自然界的基本形态，展现出一个持续膨胀与更新的空间，既无法复制，亦不可逆转。常听老人们讲述民初年间如何如何，清末年间又如何如何，指的只是民初或清末时期那些事物出现和存在的时间，断不能说民初或清末年间关公战秦琼，更不能说西楚霸王在 7.7 事变中如何勇猛。两个同一天出生的双胞胎，在他们活着的时候理应每时每刻都同时存在于人世间，不可能一个 25 岁另一个才 22 岁（其中一个凭空缺失了 3 年），更不可能出现同为 25 岁的兄弟俩，其中一个无端消失了 3 年，然后又突然现身的情况。山中方七日，世间数千年，只不过人类的遐想而已，现实中不会出现这种情况。

宇宙的背景

在日常工作中，一些常见但往往被忽略的关系似乎并未引起太多的注意，例如，自然数 3 和 5 哪个大？想刚学会说话的儿童也晓得 5 比 3 大。但如果拿 3 条狗和 5 只鸡作比较，估计你一时就回答不出来，因为它们没有相同的参考背景。人们认为 5 比 3 大是以相同的参考背景才得出的结论，例如大家都以动物头数作比较，当然 5 比 3 大，但如果其中一个指的是重量，另一个指的是数量，你就没法讲清楚。如同物理学中的量纲，事物必须以相同的背景作参考才具可比性。正因为这样，像对分式通分那样，定量自然界万物运动就要找到它们的同一参考背景。那么，只需翻看一下初中物理课本中的速度公式 $v=s/t$ 就使得这个背景一目了然：譬如一辆汽车的行进速度为 100*km/h*，实际上并不是以静止的地面作参照，而是以地面的速度 0*km/h*（静止）作参照（在我们的意识中并不认为存在 0*km/h* 的地面速度）。因为只有速度跟速度才能作比较，不同量纲单位则无从对比。值得一提的是，汽车速度 $v_1=s/t$ 和地面速度 $v_2=s/t$ 都是以时间 t 作为参考背景。这和以 1000*km/h* 速度飞行的空中客机和同方向以 300*km/h* 速度行驶的列车的情形一样。可见，万物运动的背景是时间。如果万物代表宇宙的话，宇宙的背景就是时间。

爱因斯坦指出：在强引力场附近空间会发生弯曲。通过上述的讨论我们知道，空间确实呈现弯曲状态，但这并非仅限于强引力场附近，更非强引力场所致，实际上，空间本身就是一个不断更新演化的时空球面，可以用描述膨胀球面的公式来表示。因此，我们可以推断，自然界中的问题数量，就如同膨胀中的球面一样，持续增加且不断细化。在遥远的未来，宇宙中的各类问题将逐渐显现出相似性。当宇宙进入周期性轮转的那一瞬时，这些不同问题最终将归结为同一个问题。

2、自然命题

I. 宇宙是一个不断膨胀的时空球面，是一切存在，是唯一，除此没有“之外”。

II. 万有引力、电磁相互作用力、强相互作用力以及弱相互作用力均源自于宇宙膨胀力和束缚力。

III. 宇宙膨胀力源自时空球面的恒动性，即宇宙球面与半径的恒不确定性。

IV. 宇宙展露的空间是一个不断膨胀的时空球面。时空球面包括正膨胀球面和负膨胀球面及其对立面。

V. 宇宙运动是周期性循环运动。当时空球面膨胀经历 0 半径时定义为进入下一周期膨胀运动的起点。

VI. 时空球面不断膨胀的过程是大小各异的负膨胀球面不断嵌入的过程。

VII. 宇宙在无尽的周期性运动中存在。

VIII. 时空球面不断膨胀导致光波周期不断地被拉长使之产生宇宙加速膨胀的视像。

IX. 任何具体空间均为时空球面的一部分。

X. 宇宙恒动性源自球面的恒动性；时空球面由动元构成。

XI. 自然界的一切运动都归结为宇宙膨胀运动。

XII. 光是动元间邻域阻力所引发的引力波。

XIII. 光速不能被视为运动速度，其为独一无二且不可拆分或组合的整体概念。

XIV. 在运动力学领域，光速不能被视同一般速度纳入混合算术运算中。

XV. 洛伦兹变换因涉及光速 c 与速度 v 的混合运算，可能会使人感到困惑。

XVI. 自然界的物体均遵循一分为一、二分为二、三分为三的客观规律……

XVII. 时间是空间更[*gēng*]新，空间是即时时空球面。

XVIII. 数分“动”与“静”，静态数理无法实现对宇宙的终极解析。

XIX. 圆周率 π 是超越数，同时也是恒动数。

XX. 动静不可并存，宇宙无静。

XXI. 运动是宇宙赖以存在的内禀属性，物质源于动元间邻域阻力。

XXII. 宇宙的背景是时间；时间是万物运动的总参照。

XXIII. 对于人类，任何星球的风景都比不上地球美丽，宇宙没有第二个地球。

XXIV. 宇宙膨胀力及其反作用力波及所有星球物质，并因之构成连动系统。

XXV. 开普勒的行星运动三定律是二体问题的经典解。

XXVI. 所有空间都在宇宙的边界上。

XXVII. 快至慢，热至冷，聚至散，恒星生行星。

XXVIII. 速度是空间变化。所有运动在本质上都属于万向运动。

XXIX. 速度守恒：任何物体的连动环节自然速度总和始终恒定不变，等于宇宙原速。自然速度既不会创生也不会消亡，仅会从一个连动环节转移到另一个连动环节。

XXX. 时空球面等值于一个宇宙球面与 0 半径球面的跳转，即不连续的运动。

XXXI. 宇宙原速和时间具有相同性质。

XXXII. 任何“三维”空间均由不同球面所构成。

XXXIII. 宇宙不是偶然产生，而是必然存在。星系连动是宇宙存在的唯一通路。

XXXIV. 宇宙仅存在两种基本力：一是时空球面膨胀力，二是时空球面束缚力。

3、宇宙原速

关于时钟效应

狭义相对论时钟效应认为：假定*A*、*B*两个钟，如果*B*钟远离*A*钟，*A*钟处的观测者会发现*B*钟变慢（时间变慢），如果*B*钟接近*A*钟，*A*钟处的观测者会发现*B*钟变快（时间变快）。也就是说两个钟作相对运动时，会产生钟慢效应和钟快效应。但实验数据证明，对于地面基站的观测者和平原上的观测者，*GPS*卫星上的原子钟和高原上的原子钟都会变慢。问题在于，*GPS*卫星是同步卫星，也就是说地面基站中的原子钟与*GPS*卫星的原子钟是保持相对静止的。同样，高原上的原子钟与平原上的原子钟也是保持相对静止的。彼此间两个钟的走时应该相同才对（无论是卫星上的原子种还是高原上的原子钟，均与地面基站或平原上的原子钟保持相对静止，根据相对论钟慢效应，这种情况下，两个钟的走时应该相同，不会出现钟慢效应），但事实上，卫星上的原子钟和高原上的原子钟都会变慢，这些实验数据充分证明相对论钟慢效应是错误的。

另据记载：1971年美国物理学家理查德·基廷和乔伊·哈夫勒做过飞机载原子钟分别向东和向西的环球飞行实验，实验的结果是：向东飞行的飞机上的两个原子钟，都比地面的原子钟走得慢（慢了59×10^{-9}秒），而向西飞行的飞机上两个原子钟，则都比地面的原子钟走得快（快了273×10^{-9}秒）。

类似的报道还有：1975年5月~1976年1月，美国马里兰大学*C*·*O*·艾利教授与美国海军天文台*G*·*M*·温克博士进行的飞机在3万英尺高空原地转圈实验，以及日本东京大学饭岛重孝教授进行的飞机天上转圈实验。测定的结果是美国人高空转圈时原子钟时间会走快一千亿分之一秒，而日本人则得出了随着飞机在天上转圈的高度下降，原子钟走快的幅度也下降的结果。

这些所谓的钟变现象实际上都与相对论有冲突。迄今为止，尚未有人知道其背后的原因，也没有任何理论能够系统地解析这一现象。造成这种情况的原因，除了思维方法的局限以外，应该还与一个此前未被人类揭示的自然界深层奥秘——宇宙原速——有关。

经典运动学的盲区

苍鹰反哺，母巢依旧；奔马还厩，茅棚如故。意思是说一只苍鹰在苍穹中疾飞，衔食归来时，它的母巢仍安然于原处；一匹快马奔驰千里，返归之时，它的茅厩依然未动。这种情形看似寻常，但细想之下你会发现没那么简单：苍鹰和奔马，在它们归来站在巢、厩上的同时，实际上它们的巢、厩也“站”在了它们的脚下。根据经典力学的表述，两个或多个靠在一起的物体，其运动速度必然相等；相反，如果两个或多个物体的运动速度不同，则它们不可能靠在一起。例如，路人与行进中的汽车、飞向月球的火箭与民航客机等，均不可能紧密相靠。可实际情形并非如此：苍鹰和奔马明明已离开巢、厩远去，后来竟然像时间调头一般靠在了它们原地不动的巢、厩上。这种魔幻般的悖论，在现实世界中比比皆是，例如你手中的铅球，铅原子电子无时无刻不在运动，你的手掌的细胞分子也每时每刻在运动，难道它们的速度也一样……

靠体速度相等，应该是经典力学定律的理论基础乃至先决条件——两个或多个运动物体靠在一起就是相对静止，它们的速度一定是相等的——离开这个先决条件牛顿运动定律就无从说起。但只要稍加留意，似乎连这个先决条件也靠不住。

比如你坐在看台上观看赛车：假定跑车的速度是 200 公里/小时，也就是说跑车比你自身的速度（A）快了 200 公里/小时，但你和你坐的凳子是靠在一起的，你的身体就应该与凳子的速度（B）相等；而凳子又和看台靠在一起，与看台的速度（C）也应该相等；看台又和地基靠在一起，与地基的速度（D）也相等；地基又和地面靠在一起，与地面的速度（E）也相等；地面又和跑道连在一起，与跑道速度（F）也相等。关键是跑道跟任一瞬时跑车的轮胎也靠在一起（除非腾空飞行，那是飞机不是赛车）；轮胎又跟任一瞬时的车身靠在一起，因此跑道跟跑车的速度（G）也相等！也因此你的身体跟跑车的速度相等（因为 $A=C=B=D=E=F=G$，所以 $A=G$）。这就跟你在看台上看到的跑车比你自身的速度快 200 公里/小时的情形相矛盾。

显而易见，经典力学理论无法解释发生在我们身边的这些现象。这并不是因为人们常说的运动物体的高速和低速问题，而是已经超出了经典运动学所描述的范围。原因在于经典力学理论在宏观上描述物体运动的同时未能虑及其内部所承载的微观运动情况。构成运动物体的微观粒子与其整体运动存在着怎样的关系，人们从没思考过。我们知道，运动物体承载着其自身的分子运动，分子又承载着其自身的原子运动，原子运动亦承载着其自身质子、电子等各种粒子运动……物体与构成自身的微观粒子必然存在着未为人知的运动关系，否则便无从解析苍鹰奔马和看台跑车现象。

果不其然，在宇宙中，速度不同的物体能够靠在一起，而靠在一起的物体速度不同，这个与经典力学理论相悖的盲区背后，确实隐藏着宇宙运动的深层奥秘。

自然速度和宇宙原速

为了方便分析运动物体和其自身微观粒子的运动关系，我们首先约定一个新的速度概念——自然速度。自然速度只关注物质运动的快慢程度，重点不在方向上。但要记住，自然速度并非笔者凭空所捏造，而是唯一可以解析宇宙运动的速度概念。先从我们此前讨论的内容说起，假如把昨天称为过去，回忆过去的事情就是往后看；明天称为未来，展望未来的事情就是向前看。你会发现过去的事情永远不会再次出现。比如说你在今年“立春”前的那一天走在门前的一条山路上，同样的情形将永远不会再次出现，因为过了一天就离春耕的日子近了一天，你的年龄也会长大一天。相反，明天的事情很快就会到来，比如你明天要迎娶新娘子，晚上收拾好房子就行。昨天、今天、明天的关系是：明天是今天的更新，今天是昨天的更新，表明自然界任何物体运动都是随着时间指向未来的（时空更新方向）。指向未来的运动速度称作自然速度（以下如没具体说明均指自然速度）。

但千万别把“指向未来”误解为同一方向，相反，它指的是宇宙球面膨胀的方向，也就是自然界更新变化的方向，由于球面膨胀是指向所有方向的，因此笔者称之为万向。所有运动的本质都是万向运动，这是自然速度与瞬时速率的本质区别。实际上，宇宙出现物质层面上的运动，正归因于时空球面膨胀力的驱动（详见下文）。

再举一个例子以深化这一概念：在某一时刻你向空中击发出一颗子弹，经过 10 秒钟后弹头落到了你的近旁。很显然，自从子弹被击发的那一瞬时算起到掉落到你近旁地上的那瞬时，你等待的时间和子弹运动的时间是相等的，大家都是 10 秒钟。但要注意：子弹是指向未来运动的，它未来第 10 秒的瞬时跟你未来第 10 秒的瞬时周围环境竟然完全相同（子弹的未来空间跟你的未来空间没有半点差别）。须知，刚才子弹是作高速运动的，而你是原地不动的，何以两者的未来都一样呢？那只有一个解析：自然界任何物体都拥有一个彼此相等且指向未来的固有速度。一个物体无论状态如何，它的固有速度总是不变的：子弹在运动的同时实际上你的身体也在运动，只不过同一瞬时构成你身体的微观粒子和构成子弹的微观粒子运动的快慢不同而已，子弹被击发后在它整体运动加快的同时它的微观粒子运动就会减慢，待它掉落到你身体近旁的瞬时又恢复到其被击发前状态。另一方面，由于你的身体一直在原地不动，所以你身体的微观粒子始终保持着原来的运动状态。是不是可以这样认为：子弹的微观粒子自然速度加上它整体自然速度恒等于构成你身体的微观粒子自然速度加上你身体的自然速度（上例中你身体的自然速度一直没有改变）。

这种现象说明了时间的变化和自然环境的更新是同步进行的。在上面的事件中从第 1 秒到第 10 秒的每瞬时都展露出新的自然环境，相反，新的自然环境也反映出新的时间。你可以用自然环境判别时间，也可以用时间判别自然环境。就是说，子弹在连带着时间运动的同时自然界万物也连带着时间在运动——无论如何都不会超越或丢掉时间，任何时间也不会丢掉自然界万物。这个自然界万物紧随时间更新的速度称为宇宙原速。它是由于时空球面恒动而造成不断变化的体现。自然界任何运动物体它的宏观自然速度加上它的微观自然速度都不会超过或小于宇宙原速，只有等于宇宙原速。

事实上宇宙原速和经典力学理论并不矛盾，只是经典力学理论缺失了运动物体与其微观运动所关联这一块。你想，在靠体速度相等的前提下，相互之间接触面的分子原子等物质粒子的速度不一定相等，方向更不可能相同。既然表面运动状态不一样而又能相靠，其接触面的速度肯定又是相等的，而且方向也相同。说明物体间接触面彼此存在着满足这两个条件的比分子、原子乃至电子更深层次的宇宙基本单元速度。看台上的观众可以通过无穷接触面和跑车靠在一起，由近及远推而广之，宇宙的一切都在相互接触之中——人和航天飞机接触，航天飞机和太空接触，太空和星球星系接触......由此而证明宇宙万物都有一个相同且方向一致的固有速度，这就是宇宙原速。

宇宙原速是谁也阻拦不了的速度，是自然界一切物体彼此共存的固有速度，是时空球面更新的速度，同时也是一个具体反映宇宙终极变化的速度。宇宙原速除其自身之外没有其它参照，所以是一个恒定不变的速度。它揭示了宇宙固有的顶端动作，从而体现了宇宙的膨胀速度。又根据经典力学靠体速度相等原理，因为我们能够跟光结合在一起——在阳光之下劳作，在烛光之中晚餐，所以宇宙原速跟光速相等。

宇宙原速在反映人类肉眼无法分辨的时空球面顶端动作和自然界终极变化的同时，使我们感受到了时间的存在。正由于这个原因，我们才能知道时间过了多久，日子有多长，否则连时间这个概念也没有。所以说宇宙原速也和时间同属一范畴——宏观上万物运动以时间作参照实质上也是以宇宙原速作参照。

大家是否有过这样的体验：在我们切开一只西瓜的瞬间，里面的颜色便一览无余；在劈开一块石料的刹那，截面的材质立马脉络分明。又比如：火山爆发，山体滑坡等等，里面的内容紧随事件的发生即刻暴露无遗。这虽然不是新的问题，但说明自然界事物无论处于何种状态，跟人的视线毫无关系，有条件的时候都会同时展露出来——万物的时空都具同时性，未来都在同一瞬间，也就是说：1. 万物皆随时间朝向未来迈进，无论以何种形式存在的宇宙微小单位，都不会超前或滞后。2. 同时并进的万物包括太空所在是自然界的全部。3. 时空球面膨胀的过程既是空间变化的过程，也是时间的过程。时间是空间更新。

万物之所以同时并进，乃因一样东西将其关连起来。我们知道，事物都不会孤立存在，看似互不相干的对象实则环环相扣，正所谓南美洲亚马逊河流域热带雨林中的一只蝴蝶偶尔扇动几下翅膀，可能在两周之后引起美国德克萨斯州的一场龙卷风——这固然是早年洛伦兹从气象学的角度提出来的，但足以说明万物相互呼应的现象。自然界任何事物都是运动的，因为运动并不孤立，比如月球运动跟地球有关，地球运动跟太阳有关，太阳运动跟银河系有关，银河系运动又跟其它星系有关……而月球本身也承载着其自身微观粒子如电子运动、原子运动、分子等等运动，所有这一切都是相互关连的，所以宇宙运动俨然是整体运动。那么，是什么东西将这一切关连起来呢？是阳光吗？肯定不是——在远离数十亿光年的地方未必有多少阳光。是电磁场吗？更不可能，因为许多物体并不体现出电磁性。在万物当中如影随形无处不在的是万有引力。

万有引力将自然界万物都关连起来，使之失去“自由”，由此构成一个庞大的连动系统，致使所有物体的宏观环节和微观环节的自然速度形成阶梯承接关系，从而满足宇宙原速同时并进。因此，任何物体的连动环节自然速度总和始终等于宇宙原速：自然速度既不会创生也不会消失，只能从一个连动环节转移到另一个连动环节。

时空的单位

士兵出操常以个人为基本单位，然万物同时并进又以什么为基本单位呢？假如是以如同汽车一样的东西，沿着它前进的方向望过去就有一前一后的车头和尾箱。除非出现事故，绝不可能车头和尾箱同在一条横线上同时并进——这也是人类很典型的习惯认知，以为宇宙的所有运动亦复如是的分出前头和后头。事实上，在宇宙运动中同时并进的基本单位颇为特殊，甚至显得有点神秘。

不过，看似神秘的东西往往正是密钥所在。这就有必要弄清楚时空的单位。大家知道，任何事物都有它的最基本单位，时空当然也不例外，但肯定不是所谓的“基本粒子”。因为时间并不在物质意义的“粒子”范畴，所以空间也是如此，它不会被任何物质意义的设备探测到。尽管如此，在我们的日常工作中却常常会遇到，例如在以时间作为参考来描述物体运动轨迹时，有人提出：假如运动产生一个角，那个角的顶尖也许没有时间存在。这话好像有点道理，可是物体运动不会出现角（与角的大小度数无关）的轨迹。角对于读者来说绝不陌生，但那个顶尖是什么东西，到目前为止估计谁也没有思考过。试想：角的顶尖什么也没有吗？那不等于开了个缺口，何以为角！如果是一个点状物，如“基本粒子”之类，如此点状物无论怎样小，理论上用高倍显微镜看过去就是一个圆球体。用一个圆球体作角的顶尖就与角的性质相矛盾，从而失去角的意义。那么，角的顶尖究竟是什么？到底是存在还是不存在？分明又是一个两难问题。

一位哲人曾言：凡合乎理性之物皆为现实，凡现实之物皆为合乎理性。事物的奥秘恰在于时空同一性上：犹如肉体与行为不可分割，时空亦如是不可分离。我们不妨分析一下：时间是不会转弯的。如果时间能够转弯（掉头），那么我们就能看见过去的事物，譬如清兵入关或辛亥革命等历史事件。所以本质上事物运动也不带弯，但角的实质意义就是转弯（掉头），那么，它的顶尖是什么呢？这么说吧，假如有两块绝对刚性（注意：0 可塑性）且绝对光滑的物体让它们互相靠近，在接触的瞬间你就会形象地发现角的顶尖。原理很简单：因为万物的存在都是每瞬时时空球面的反映，我们平时任一瞬时目睹的一切都是时空球面，这等于我们睁眼闭眼看到的一切都是宇宙的顶端运动的情况。当两个绝对光滑的刚体相互靠近时，无论它们的动作怎么慢，时空球面的动作却是宇宙原速，在相互接触的瞬时就相当于对向动点的精准撞击——运动停止（转折），——出现了角——这种情况有甚于核反应，那是无法想象也不可能在现实当中发生的。只因为我们经常遇见事物运动不进则退的现象才产生了意识中的角的概念，其实那不是自然界的本质形态。

因此可见，所谓“角的顶尖”实际是时空球面不断膨胀的基本动作所在，是自然界万物携带时间且与时间同步的终极动点。它既是时间的基本单位又是空间的基本单位，是构成时空球面的能量元，笔者称之为宇宙动元，简称动元。“动元”的存在意义在于“点”的恒动性，不动则不存在，因此切勿将其理解为“基本粒子”。

星系连动系统

根据万有引力定律的表述：任何两个质点物体之间都存在通过其连心线方向上的相互吸引力。因此，万有引力在宇宙万物之间无处不在，成为唯一牵动广大星系的力。需要明确的是，当一个离散的运动环境归因于单一因素的作用时，便形成了一个系统。宇宙星系间的相互联系和相互作用，便构成了一个系统的运动模式。这表明，宇宙星系运动实际上是一个整体连动系统，任何星系的动态变化都会对周围环境产生广泛的影响。基于测定的万有引力性质，星系连动系统无疑涵盖了所有物质范畴的粒子之间。

在万有引力的作用下，自然界中所有物体和物质之间的相互联系与相互作用的运动称之为星系连动系统。星系连动系统的一个显著功能在于：系统的连动效应使宏观物体的运动与微观粒子的运动之间形成了自然速度阶梯承接关系，确保了自然界中所有构成物体的动元都遵守宇宙原速。因此，宇宙的基本动点与其关系重大。

自然速度阶梯承接原理是宇宙运动的一个奥秘，是指比如在宇宙星球，人造飞船以及微观物体比如分子、原子、电子等等不同尺度的物体运动上。微观物体中电子基于原子运动，原子基于分子运动，分子基于物体整体运动。而物体整体又基于上一层次的宏观运动，如月球基于地球运动，地球基于太阳运动，太阳基于银河系运动......等等。这一切的物质物体通过其自然速度连动叠加使得其中的动元满足宇宙原速。

因此，需特别强调，无论是微观环节还是宏观环节，其速度均为自然速度。例如，有人认为电子的速度接近光速，这一速度在本质上同样属于自然速度。

以月球上一块岩石中一个元素的一个电子中的动元为例：构成这个电子的动元之所以满足宇宙原速，并不是它相对于该元素所在的月球速度满足宇宙原速，而是因为这个电子的动元加入了电子连动，电子又加入原子连动，原子又加入分子连动，分子和岩石跟随月球自转和围绕地球公转，地球连带着月球加入太阳连动，太阳连同太阳系又加入银河系连动，银河系又加入其它星系连动......所有这些连动环节的自然速度累加起来才使得这个电子中的动元满足宇宙原速。以此可以推断，自然界的任何物体物质都是通过宏观星系连动及其微观粒子连动满足宇宙原速。地球当然也不例外，包括地表地心在内，构成其自身的所有动元也是通过这种方式满足宇宙原速。

由于宇宙动元是自然界的终极“粒子”，在星系连动中自然速度阶梯承接所达到的结果就是其自身的固有速度，也就是宇宙原速，因此万物运动速度保持守恒关系。即：连动物体的任一环节的自然速度都是其宇宙原速的一部分，物体的任一连动环节的自然速度改变都会导致其他连动环节的自然速度改变，一个环节的自然速度增大其他环节的自然速度就会减小，相反，一个环节的自然速度减小其他环节的自然速度就会增大。在现实中的人类许多活动都能证明这个关系：大家知道，物体都承载着微观粒子，微观粒子运动形成物体的内能。物体的内能越大温度越高，假如运动物体与其承载的微观粒子运动没有关系，在其速度大幅提升的同时意味着它的微观粒子速度也随整体速度大幅提升，内能就会增加，物体就会升温。如果是这样，人造卫星或载人飞船之类相对于初速增速很大的物体便会大幅升温，登月宇航员的身体就会发烫，但事实并非如此。

一块被扔出去的石子，其速度是它宇宙原速的一部分；一颗被击发出去的子弹，它的速度也是构成子弹宇宙原速的一部分；它当中的一个电子的速度，也构成了电子自身宇宙原速的一部分。苍鹰奔马回来时之所以仍与巢厩靠在一起，是因为它们在运动时，自身的微观粒子运动变慢了，而巢厩由于在原地不动，没有这种变化，使得两者的固有速度在任何时刻都相等。同理，看台上的人和跑道上的赛车，两者整体自然速度加上其自身微观粒子自然速度也始终是相等的，因此任何时刻都靠在一起。此前人们并没有发现宏观运动和微观运动的这种连带关系，实际上，飞机加速，它的微观运动就会随之减速，相反，飞机减速它的微观运动也会随之加速；假如地球公转变慢，它的自转就会变快；公转和自转都变慢，它的内能就会变大，地球就会升温；由于地表的线速较之地心快，造成地心微观运动加剧从而形成高温液态。同理，太阳之所以炽热发光，也是因为它的宏观速度较慢之故（由此而知，地热和太阳能是人类取之不尽用之不竭的能源）。自然速度和能量守恒一样：既不会创生也不会消失，只能相互转变。

再回过头来看一看时钟效应问题，首先大家需要保持足够清醒的头脑：真实的时间是永恒不变的，它才成为万物运动的背景。所谓时间变快或变慢，问题并非出在时间本身，而在于测时装置。测时装置微观运动的稳定性才是关键。

GPS 卫星和高原上的原子钟之所以相对于海平面上的原子钟变慢，是由于它们的线速度较海平面更快——它们的宏观速度高于海平面，因此微观速度低于海平面。

同理，美国物理学家理查德·基廷和乔伊·哈夫勒的实验结果之所以与相对论的钟慢效应理论相悖，正是因为这一结果恰好反证了宇宙原速原理。由于地球是一个由西向东绕地轴旋转的球体，向东飞行的飞机上的物体（原子钟钟体）对于地轴而言它的线速度当然比地表上的物体（原子钟钟体）快，因此它的微观运动就会变慢，故原子钟时间也变慢；而向西飞行的飞机上的物体（原子钟钟体）因为与地轴是相对运动，它的线速度显然比地表上的物体（原子钟钟体）慢，所以它的微观运动就会变快，故而原子钟的时间也会变快。原子钟是一种反映原子电子层运动情况的计时装置。

至于*C*•*O*•艾利教授与*G*•*M*•温克博士高空转圈的原子钟时间之所以会走快，以及日本东京大学饭岛重孝教授天上转圈高度下降时原子钟走快幅度之所以也下降，都是因为同样的原因：以围绕地轴为圆心的地球纬线将飞机转圈分成南北两半圈来看，假如转圈所对应的地面纬线半径都相同或者刚好绕经赤道将转圈分成南北对称的两半的话，飞机载原子钟时间走慢的幅度和走快的幅度互相抵消，这样与地面上的原子钟相比较时间是一样的。问题出自美国与日本两个国家都处在北半球纬度较高地区，纬线半径由南向北逐渐减小，飞机绕过的南北两半圈所对应的地面纬线半径并不一样，相对地轴而言，南北两个半圈的线速度就不一样。因此，当地面观察者看到飞机逆时针转圈时，由于南半圈的线速度大于北半圈，飞机载原子钟在南半圈走快的时间幅度会超过北半圈走慢的时间幅度，从而导致整体上原子钟时间比地面上的原子钟时间要快。当然，随着飞机在天上转圈的高度下降，其线速度也随之下降，飞机载原子钟走快的幅度也会下降。显然，如果飞机在地面看上去顺时针转圈的话，这时的机载原子钟走时就会比地面的慢。假如在南半球做同样的实验，其结果肯定是相反的。

“苍鹰奔马”和“看台跑车”现象还揭示了自然界的另一个奥秘：试想一下，当速度不同的两种物体接触时，其接触面显然不会仅限于物质层面，因为二者物质粒子的速度和运动方向并不一定相同。以看台上的观众为例，他们自身的原子外层电子能级与座椅的原子外层电子能级各不相同，因此，其速度和运动方向肯定也不一样；同理，构成跑道的原子外层电子能级与构成汽车轮胎及其它部件的也肯定不一样。不同运动状态的微观接触面能够紧密相靠，这表明其顶层动元的运动状态必须一致。由此揭示出宇宙中存在两种动元：一种是直接满足宇宙原速的动元，另一种是带滞后倾向间接满足宇宙原速的动元。前者为无惯性“粒子”，后者即构成具惯性粒子（参考“物质来源”一节）。

可以用下面式子加以概括宇宙原速：

$\Sigma v_i = v$　　其中 $i=1,2,\ldots,T$.

这里v为宇宙原速，v_i为运动物体连动环节自然速度，即有 $v_1 + v_2 + \ldots + v_T$等于宇宙原速。

至此可知，地球的冬夏温差并不能完全由阳光入射角来解释。原因在于，地球在近日点比远日点离太阳近了约 500 万千米，而地球的周长才区区 4 万千米。相关资料显示，地球在近日点接收到的太阳辐射量比远日点多出 7%。然而，远日点时的地球平均温度却比近日点高出约 4 华氏度（2.3 摄氏度）。这一反常现象可归因于宇宙原速效应：根据开普勒行星运动第二定律，地球在近日点的公转线速度远大于远日点，导致近日点地球内能相对减小，而远日点则相对增大。因此，地轴与黄道面形成倾角固然是导致地球四季变化的因素，但并非唯一因素，还有宏观速度与微观内能因素。由此而联想到地球的远古时代出现冰河期，很可能也和当时地球的自转和公转速度有关。

此外，读者们还需特别注意：宇宙原速与宇宙速度是两个截然不同的概念，切勿混淆：宇宙原速是自然界万物的固有速度；而宇宙速度一般是指人们把航天器达到环绕地球（$V_1 = 7.9$ 公里/秒）、脱离地球（$V_2 = 11.2$ 公里/秒）和飞出太阳系（$V_3 = 16.7$ 公里/秒）所需要的最小发射速度。

4、宇宙的来源

关于宇宙的动力

宇宙是如何诞生的？为何它持续不断地膨胀？万物为何始终保持运动？这是关于宇宙的根本问题，也是亘古至今最为深奥的问题，同时也是全人类最想知道的问题。日月经天、江河纬地，宇宙运行看上去这样有规律，是谁在背后安排了这一切？它所遵循的是哪一个法则？从描述天体运动中行星运动规律的开普勒三定律到由此导出的万有引力定律是否就是宇宙运动的根本法则？如果是的话，到底又是谁给予力量驱使这庞大的星系运行不息，从而导致开普勒三定律发生？牛顿认为是强大的引力，而爱因斯坦即截然相反，认为引力并不存在，本质是时空弯曲，天体之所以会转动是因为质量大的天体将宇宙薄膜压弯了，所以质量小的天体才会围绕质量大的天体转动——究竟谁的说法正确，根本无从分辨。诸如此类难以想象的问题，或正是科学先驱们将万物主宰指向上帝的因缘。

问题似乎非但没有见好，反而愈发令人困惑。科学家们早已观察到宇宙处于膨胀状态，而 2011 年诺贝尔物理学奖得主更是进一步证实，宇宙正在加速膨胀，时空的扩张速度持续加快。按理说，在万有引力的作用下，宇宙的膨胀应该减速才对。那么，推动宇宙持续加速膨胀的力量究竟来自何方？加速膨胀的那部分内容又是什么呢？我们知道，物质既不能被创造，也不会消失。对于这一切未知，有人推测，可能是宇宙大爆炸时产生的暗能量和暗物质在起作用。然而，暗能量和暗物质又从何而来？更让人捉摸不透的是，宇宙在大爆炸之前究竟藏身于何处？

无可回避，这就是本节要讨论的重点，也是必须向读者们作出交代的核心问题。

实际上，问题并不像人们所想象的那么复杂。我们不妨在这里做一个假设：假定宇宙有一个初始状态，是一个存在的“实体”。基于宇宙的唯一性，这个“实体”没有空隙。

这就需要特别留意：一个看似普通的“实体”，实际上隐藏着无数大小不一且相互交织的球面。以一个衡量器的砝码为例，假设砝码内部毫无空隙，那么它的每一个微小质点都被一层球面紧紧包裹，而这层球面外又套着第二层，第二层外再有第三层、第四层……砝码中所有质点的情形都一样。砝码作为普通空间的一个例子，可以推而广之，任何空间中的质点都同样被无数球面层层包围；所有空间都由无穷球面构成，且被交叉关连的球面所分割。

我们不妨把任意一个球面的直径设想得无穷小，相当于一个不可再分割的空间 ρ。设 $\rho=1$（单位空间），那么根据公式 $A=4\pi r^2$，球面积则为$\rho^2\pi=3.14\ldots\ldots$（单位球面）。由于 π 是超越数，球面因此显得不完整——出现了 3.14……小数点后 0.14……的“空隙”。这里所谓的“空隙”实际上是“悖谬域”，不存在任何属性，必然修补。又因为 ρ 不可分割，球面上只能填入一个完整的 ρ，这样便大于 0.14……，超出了半径所限定的球面积范围，随即导致半径扩大。半径的扩大使得球面再次出现“空隙”，又需向球面补充 ρ，进而导致半径进一步扩大……如此翻来覆去，毫无穷尽。于是，球面以恒定的径向速度不断膨胀，由此显示出人类从未关注过的一种现象：基于超越数 π 的恒跳变性质，任何被指定半径的球面或被指定球面的半径都具恒动性。由于任何空间中质点都被无数且大小各异的恒动球面从任意方向分割，从而导致由无穷球面构成的宇宙空间具恒动性。

由此可知，空间恒动的根本原因在于其被球面所分割。基于这一原理，宇宙空间被彻底转化为恒动的“点”，而这些恒动的“点”正是宇宙的动元。因此，在宇宙中不存在静止的“点”：静止即意味着失速，即成为“誖谬域”。

球面特性之一：所有球面都具恒动性。

球面赋予宇宙无穷的动力，驱使庞大的星系运行不息，因之而成为万物运动的主宰。这与人们的想象大相径庭——上帝确实不像一个人，但每个人都由上帝构成。球面恒动既是宇宙原速的致动原因，也是时空球面不断膨胀的动力源泉，因而时空球面膨胀和宇宙原速同步。进一步的分析表明，宇宙原速实际上与光速同步。或许有人会问：其他空间是否也具有恒动性？问题是根本不存在所谓的“其他空间”。宇宙是独一无二的，而“誖谬域”则是人类想象力无法触及、无法用语言文字描绘、完全缺失存在属性的概念。

人们常常认为，即使某个地方不存在某样东西，那个“地方”依然存在。这种观念实际上是一种典型的静态思维。例如，人们总觉得即使一个地方没有那片房屋，那个地方——无论是村庄的空间还是城市的空间——依然存在。再比如，空罐子里面没有东西，但被罐子包围的空间仍然是存在的。然而，此“存在”非彼“存在”。“悖谬域”指的是连空间本身也不存在，不具备人们意识中的任何属性，就像关于昨天的“空间”和明天的“空间”一样，它们并不真实存在。

我们之所以无法踏入昨天或明天的空间，是因为这些“空间”在现实中属于逻辑上的悖论领域，即“悖谬域”。根据事物相对性原理：存在也是相对的，没有绝对的存在。因此，有“悖谬域”必有“存在域”，而“空间”便是“存在域”。由此可见，宇宙没有起源问题，它是必然的存在。只要是“存在域”，就必具恒动性。

因此，我们不应错误地认为宇宙起源于一个“实体”，“实体”只不过宇宙运动过程中其中的一个经历态。宇宙没有终始，只有无穷的周期循环。

星系的形成原理

宇宙问题是自然问题。自然问题就不能以人为问题的思考方式去寻找答案，比方说一幢房子或者一座水库都有一个初始状态，宇宙却没有初始状态。宇宙运动的实质是球面与半径的往复变化，这种变化是一种常态，并由此形成时空球面不断膨胀的现象。根据自然法则和自然界变化发展规律（注 1），宇宙并不会瞬间膨胀至极限，而是一个漫长的过程，在这个过程中出现星球、星系并在地球上出现了生命，正如今天我们所看到的宇宙景象。

下面就让我们一起来分析一下星系的形成原理。

构成空间的球面在不断膨胀的过程中，根据物质守恒定律，其中一个球面不断膨胀必然导致其他球面不断地去补充，这类球面便不断地缩小，于是，宇宙空间出现了两种球面膨胀形态：一是正膨胀形态，就是类似于不断被吹胀的气球；二是负膨胀形态。被正膨胀球面不断吸收的其他球面即为负膨胀球面，称之为连动球面。那么，这就出现了一个问题：负膨胀球面不仅没有膨胀，反而在不断缩小，岂不与宇宙原速有冲突？其实不必为此过虑，由于其被正膨胀球面不断吸收，便形成了一种牵拽与被牵拽的关系，从而产生一种应力。这种应力在正膨胀球面即表现为一种吸引力，吸引负膨胀球面摄取动元。然而，处于被吸引摄取状态的负球面动元相当于失去了方向（附注 2），因此发生组团摇旋和互绕运动以遵守宇宙原速。这样，负膨胀球面便形成了物质形态（详见“物质的产生”一节）。由于负膨胀球面并非独一无二，其大小和分布也不均匀，且与正膨胀球面为同一空间，故在太空中出现了各色各样大小不同、分布不匀的星球和星系，在膨胀球面的牵拽力作用下彼此形成互绕运动，这就是宇宙星系连动系统（详见“万有引力来源”一节）。

牵拽力是物质产生的背景条件。在正膨胀球面的牵引作用下，负膨胀球面动元间接服从宇宙原速，而正膨胀球面本身即具备宇宙原速，因此形成了两种性质不同的动元。正膨胀球面动元构成了外太空形态，尽管这种形态对我们人类而言既不可见亦不可触，却与我们近在咫尺。它不仅是万有引力的隐匿之所，更是光波传播的介质。此外，物质在 β 衰变过程中释放出的中微子解体后转化为动元，同样藏身于此。

由负膨胀球面动元构成的星系连动系统，在正膨胀球面的牵拽作用下不断地被分解并释出动元，这一过程导致了万物熵增状态的出现。由于球面膨胀呈万向趋势，这种熵增也随呈万向趋势，继而形成球冠状的时空端面。由此可以推断宇宙中的星球在时空球面膨胀力的作用下在逐渐分解，物质不断减少，而非如万有引力所描述的整合过程。“宇宙尘埃”实际上不可能凝结成新的恒星，甚至根本不存在，毕竟地球上的尘埃肉眼都难以察觉，何谈数亿光年之遥的“宇宙尘埃”。尽管陨石雨现象时有发生，但这并不是宇宙运动的总趋势，熵增才是常态。连动球面与正膨胀球面共同构成时空球面。

与所有空间都由无数球面构成相对应，任何球面亦都源自空间的转化。即，任何一个球面都是众多球面相互作用的结果。换言之，任何一个球体可视为膨胀前的球面形态；而任何一个球面，则可被视作膨胀后的球体形态。

沿着这个方向，问题就简单许多，只要我们把球面尤其是动态球面理解透彻，宇宙运行的真相便会清晰地展现在我们面前。下面我们就这个命题做一些数理分析。

宇宙循环

探讨正膨胀球面对负膨胀球面施加的牵拽作用力及其引发的星系连动现象，通过以下的数学式子，可以帮助读者清晰地了解其中的细节：

设：宇宙极限球面为 N，正膨胀球面为 S，连动球面为 Y，r 为球面半径，则有：

正膨胀球面　　$S = 4\pi r^2$　　（1）

对（1）式 r 求导得：　　$S'(r) = 8\pi r$　　（2）

（2）式表示正膨胀球面随半径变化的速率。

由于宇宙径向速度就是膨胀速度，等于光速 C，t 为时间

故（1）可表示为：　　$S = 4\pi C^2 t^2$　　（3）

对（3）式 t 求导得：　　$S'(t) = 8\pi C^2 t$　　（4）

对（4）式 t 求导得：　　$S''(t) = 8\pi C^2$　　（5）

（4）式则展示了正膨胀球面的即时增幅情况。

（5）式为正膨胀球面的增幅加速度。

证明：当半径不断增大时时空球面的膨胀率趋于 0：

膨胀率 P 为即时球面增幅与即时球面积的比值。由（4）和（3）得：

$$P = \frac{8\pi C^2 t}{4\pi C^2 t^2} = \frac{2}{t} \tag{6}$$

当 $t \to \infty$ 时，有：　　$P = \lim_{t\to\infty} \frac{2}{t} = 0$

显然，膨胀率为 0 意味着时空球面不再膨胀，这可以被视为膨胀的极限状态。

即球面积随半径变化的速率为：

$$S'(r) = \frac{dS}{dr} = 0 \tag{7}$$

对照（2）得：　　$S'(r) = \frac{dS}{dr} = 8\pi r = 0$　　（8）

设 R 为极限球面半径，令 $r = R$

即：　　$R = \frac{0}{8\pi} = 0$　　（9）

上式揭示了一个关键的数学问题：一个以恒定速度不断膨胀的球面存在极限状态。特别值得注意的是，极限状态的球面半径为 0。由于在概念上，平面和“点”的半径均被定义为 0，因此极限状态下的球面既可以被视为平面，亦可被视为“点”。但必须注意，不应将此“点”误认为质点，更不可将其想象成奇点，因为奇点是基于静态观念所形成的概念。这个“点”和所谓“平面”只代表被跨越的意义：由于“任何指定半径的球面都具恒动性”，所以0半径球面并不等于0，它的物理意义在于球面经历0半径状态。因为0是中间状态，代表人类思维中的静止，所以，自然界不存在这种状态。它是一个经历态，正如午夜00:00时一样，不要当作自然界归0了。

此外，上式也涉及数学之于空间的本质问题，表明无论任何空间包括曲面、曲线，平面或直线都是球面的一部分。自然界任何事物运动均可视为球面的膨胀运动。球面膨胀运动法则是自然界万物运动的终极法则。

球面特性之二：球面不断膨胀，其极限半径为0，标志着宇宙运动中的一个经历态。

又基于物质不灭定律，因此：

$$S + Y = N \qquad (10)$$

则 $$4\pi C^2 t^2 + Y = N \qquad (11)$$

则可推断出存在一个连动的球面 $$Y = N - 4\pi C^2 t^2 \qquad (12)$$

对（12）t 求导，得 $$Y'(t) = -8\pi C^2 t \qquad (13)$$

对（13）t 求导， $$Y''(t) = -8\pi C^2 \qquad (14)$$

（13）式所表示的是连动球面的即时负增幅。

（14）式则揭示了连动球面增幅的负加速度。

同时（13）式证明宇宙存在一个连动球面（即星系连动系统）。

（4）式和（13）式是一组从本质上描述自然界终极运动的宇宙方程。方程揭示了宇宙的存在由一个正膨胀球面及其相互呼应的负膨胀球面构成，二者形成联动关系。其中，星系连动系统与（4）式所对应的负膨胀球面相匹配。星系即以（13）式作互绕运动——未被正膨胀球面吸收的动元均受到（13）式的约束，进行特定的模式运动。

也可以用另一种方式表述，即：包括微观物质在内的宇宙星系运动看起来虽然千变万化，但究其本质，都是以（13）式模式，始终遵从（13）式约束的运动。自然界任何物体，无论是飞行中的一颗子弹还是行进中的一辆汽车，也不管其所处的是哪一种状态，均不外乎（13）式所涵盖的球面动元。

可见，自然界实即一个庞大的纵向运动体系，其中环环相扣，万物之间相互依存。上述式子揭示出一个全新的宇宙运动模型，使得宇宙的轮廓更加清晰明了。

星系间的连动是牵拽效应的直观表现，致使系统中的动元在遵守宇宙原速的同时，不断被释放出去，填补持续膨胀的球面。一旦这些动元被完全释放，正膨胀球面的动元就会因此‘失速’而经历所谓的‘实体’状态，即半径为零状态。同时，意味着宇宙运行的一个周期结束，时空球面随即进入下一周期的膨胀运动。

经历态，是本著述中独有的专有名词，代表一个新的概念。或许大家尚未深入思考过这种状态，但其至关重要，因为宇宙正是伴随着这种状态在运动。

经历态是运动的反状态，是自然界的“对立面”。很难想象，比如一天 24 个小时，但具体某一瞬间的真实意义却又令人捉摸不透。今天和明天的交接点究竟是 24:00 还是 00:00？问题是存在 00:00 时吗？如果存在，它是什么时间？如果不存在又必须经历，而“经历”本身又意味着时间。实际上，所有时间都有这个情况，如 08:00、09:00、09:10……你无论如何也说不清楚它是什么时间。时间是如此，空间也是这样，后面笔者专门引入一段关于绳圈悖论的讨论便是这个意思，希望读者们用心去解读。同样一个人，此一瞬时到下一瞬时之间他（她）究竟存在与否？跨越两个瞬时中间的他（她）是什么样的人？如果这中间他（她）并不存在，可又分明摆在你面前，不是么？有人认为时间和空间都是连续的，其中没有任何间断。这种观点显然存在问题。试想，如果一切都紧密相连，就像一条结满冰的河流，那它又怎能流动呢？这源于人们对时空球面认识的不足，事实上，它是在不断地跨越对立面而膨胀。任何时间和空间都带“0”正说明这种情况，譬如时间 08:00、09:00、09:10……空间“一尺之棰，日取其半，万世不竭”等等。实际上，所谓“0”是每一份运动的终始，是一种被自然界万物运动持续跨越的状态。每一项运动都承载着起始与终止的轮回，自然界的每一次脉动，都必然伴随着起动与终动的交替。你认为 00:00 标志着一天的起始，但客观而言，时间的流转并无绝对起点与终点，无论是 08:00、09:00 还是 11:40……都可以视为每一天的起点或每一天的终点。

宇宙循环也如日夜交替，只有跨越而无始末。当宇宙运动经历极限球面之际，它便如同日常跨越一般，自然而然地开启了新一轮的膨胀运动。当然，彼时的自然界景观与我们今日所见的肯定不一样，读者们不妨发挥一下想象力。

球面特性之三：球面不断膨胀的运动是循环运动。

宇宙循环运动看似与数学中的“极限不可超越”理论相悖，实则不然。原因在于，人们通常将数学中的极限视为静态的点，而宇宙运动则遵循超越数，即恒动数的法则。恒动数的本质在于“动”，不存在静止的点，因此宇宙没有静止状态，遵循恒动数法则运动的宇宙自然不会存在“极限不可超越”的问题，从而能够周而复始地永恒运行。我们今天所生活的自然界，乃其千百万个周期中的一个极其微小的片段。宇宙在无穷无尽的周期重复中有序地运行，既无始点也无终点，这正是必然存在的现象。

星球互绕运动

星球运动是相互参照的运动，由于人类之前没有找到其总参照系，因而至今仍然存在着认知的盲区。比如星球之间的互绕运动，也就是所谓的二体问题。两个星球的相互绕动是最简单的互绕运动，就是在你绕

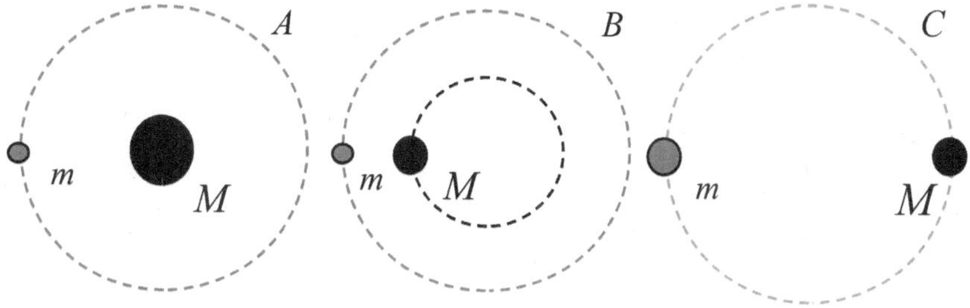

图 3

着我转的同时我也绕着你转。事实上在第三者看来，两个星球在万有引力的作用下存在着三种互动情况：一是其中一个天体 M 的质量比另一个天体 m 大得多，则：$M \gg m$。这样，看起来就好像天体 m 围绕着天体 M 为中心绕动，如图 3 A 所示。二是天体 M 的质量相对于天体 m 并不存在绝对的优势，那么，这样看起来二者的运动轨迹则如图 3 B 所示。三是天体 M 的质量与天体 m 的质量相等，这样看起来二者的运动轨迹就如图 3 C 所示。

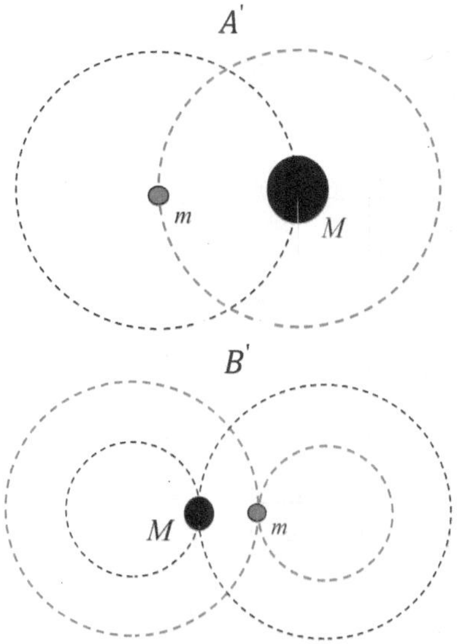

图 4

这是从第三者（以别的星系作参考）看过去的情况。如果是从两个星球的其中一个看过去，也就是你站在 M 或 m 星球上看到的情况就大

不一样。由于 M 与 m 是相对运动，你站在 M 看到的情况和站在 m 看到的情况是完全相同的，因此图 3 A 星球的运动情形就如同图 4 A'；图 3 B 星球的运动情形则如同图 4 B'；而图 3 C 星球的运动情形没有改变。

但图 3 C 的情形是不存在的，因为自然界不会存在两个质量完全一样星球。而图 3 A 其实和图 3 B 的情形是相同的，因此，在不考虑其它星系引力影响的情况下，星球互绕运动的实际情形都如同图 4 B'所示。图 4 B'表明自然界任何两星球的互绕运动二者的周期都一样。这或可解析开普勒三定律的背景问题。

宇宙联动

前面描述的宇宙连动与此处的联动概念有些许区别：宇宙联动是指正膨胀球面和负膨胀球面的联合运动，它代表了宇宙的整体运动状态，是时空的一切。

自然界所有星系都是尚未被正膨胀球面吸收的由宇宙动元构成的物质。从前面方程$Y'(t) =- 8\pi C^2 t$可以看出，负膨胀球面的动元是随着正膨胀球面的不断增大而被嵌入其中的。负膨胀球面在任何瞬间的缩小幅度，都与正膨胀球面在同一时刻的扩张幅度相等。换言之，负膨胀球面之所以收小是由于其失去动元。一个球面收小，也就是一个球体收小，多球面收小则代表多球体收小，由此类推乃至整个连动系统星球的质量收小。事实上，在正膨胀球面获得（吸收）动元的过程也是万物的变化过程，而这种变化就是宇宙原速，也是时间的本质。星系连动令自然界的一切都在同一时空面上。

此外，宇宙依照球面与半径反复变化原理膨胀，这一现象类似于钟摆效应，表明宇宙的膨胀速度具有稳定性，从而进一步佐证了宇宙原速是一个恒定的速度。

过去，人们普遍认为宇宙的各个星系之间缺乏紧密联系，或仅存在微小影响。然而，事实上，每个星系、每个物质粒子乃至每个动点，都是宇宙不可或缺的一部分。

因为“宇宙之外”没有任何属性，空间只有一个。所以，正膨胀球面与负膨胀球面之间没有人类意识中的距离概念。我们所遥望的星空就是两者结合的宇宙空间景象——太空在不断地膨胀的同时星系物质在不断地减小，星系之间就被不断释出的动元所填充，广袤的太空因此呈现出星系退行现象，这就是宇宙联动的情形。

由此可知，从“实体”到宇宙星系连动的过程确实如同大爆炸的情形，问题在于广为人们谈论的宇宙大爆炸理论所描述的是无序运动，而人们所观察到的宇宙运行却是非常有序的运动，二者的根本区别在于是否存在预知性。

附注 1：

1、单位时间内，持续的翻倍增长（变化）有极限。

2、因为被正膨胀球面拖拽摄取动元的负膨胀球面一时并未全部嵌入其中，不属运动球面范围，故而失去方向。“失向”即是事实“失速”，就是静止，不归属存在范畴。

5、万有引力的来源

万有引力为物体之间的相互吸引力，是导致开普勒星系运动三定律的原因。日常生活中我们所感受到的重力就是物体由于地球的吸引而受到的力。它是自然界 4 基本力之一，1687 年为英国牛顿所发现。但这种看起来颇为神奇的现象是如何产生的，直到现今也无人知晓。广义相对论认为，引力是时空不平坦这一事实所产生的后果。不过，人们似乎并不真正理解所谓平坦和不平坦的时空是怎样被天体压弯的。量子力学的观点认为，引力由一种自旋为 2 的名为引力子的虚粒子携带。可这种名为引力子的虚粒子所携带的引力又来自何方，这就不得而知了。是内禀吗，并没有进一步的说明。事实上，万有引力并非如人们所想的那么神秘，若将其与此前对宇宙动力的分析相对照，甚至显得有点简单。

非常明显，万有引力源自于时空球面的膨胀力，是时空球面对连动星系产生的一种应力体现，具体地说，对连动星系最直接影响的是正膨胀球面的即时增幅。由于物质存在着惯性，故不断膨胀的时空球面增幅对其形成全方位的牵拽效应，就像其周围环绕着绷紧的橡皮一般。对于物质微观粒子来说，正膨胀球面的即时增幅同样使其周围形成一个微观应力带，通过微观应力带的结合形成星球（物体）宏观应力带，如图 5 所示：

图中黑色圆点 *Mx* 为宇宙天体，深灰色区域为时空球面局部环境，浅灰色圈子便是围绕于天体的应力带。从图中可直观地看到天体对于时空球面由近及远的应力分布情况。很清楚，应力带是由近而远逐渐减弱的。联系到万有引力公式，读者不难发现万有引力其实是随着物体距离的增大按二次指数非线性减小的。这正和宇宙方程负膨胀球面的瞬时增幅$Y^{'}(t) =- 8\pi C^2 t$的递减情况相对应。

图 5 中天体之间的中心连线方向应力带呈现出叠加的情况，如图中 A 区域是天体 M_1 和天体 M_2 中心连线方向，两者的浅灰色圈子叠加后就比其他方向大，最小的是 A' 方向，说明两者的中心连线方向形成比其他方向较大的引力。这种较其他方向大的引力使得它们都向着彼此的中心靠拢（见附注 2）。同样地，B 区域相较于 B' 区域大，C 区域相较于 C' 区域大。这表明天体 M_1 与天体 M_3、M_4 之间同样呈现出相互靠拢的趋势，这正是万有引力作用的体现。正由于时空球面膨胀所产生的牵拽效应，才使得自然界的所有物体周围都形成与之相应的应力带，因此引力现象是自然界的普遍现象。

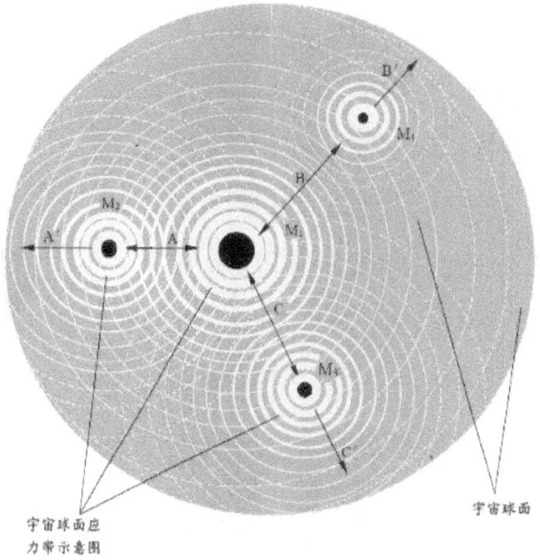

图 5　万有引力原理图

无论是现实中浩瀚无垠的宇宙星空，还是图 5 中所展示的天体，它们的分布都并非均匀，质量亦各不相同。因此，来自各个方向的引力也各有差异。正是在这些引力的共同作用下，星系与星球才出现了奇妙的互绕运动。

宇宙以其固有速度不断膨胀，并由此产生万有引力。因此，万有引力实质上是时空球面膨胀力的反作用力。之所以人类至今没有发现它的来源，是因为此前人们没有发现它的反作用力。物体的失速程度，即物体相对于时空球面的滞后倾向，可以通过应力带强度反映出来。这种滞后倾向实际上是一种补偿速度，它与物体的引力加速度相等。例如地球被矫正的失速程度约为 $9.8m/s^2$。

附注 2：

产生引力现象的情形如图 6 例子：取一条橡胶片分别把物体 *a*，*b*，*c* 连接起来，将橡胶片两头拉开一定距离停住，那么，橡胶片对三物体就存在一种应力关系。当 *a*，*b*，*c* 其中一节拉力减弱或断开时，另外两物体就会互相靠拢，情形正和你手拿一块石子站在高塔上对着地面，然后松手，石子便被地球引力相吸引类同。

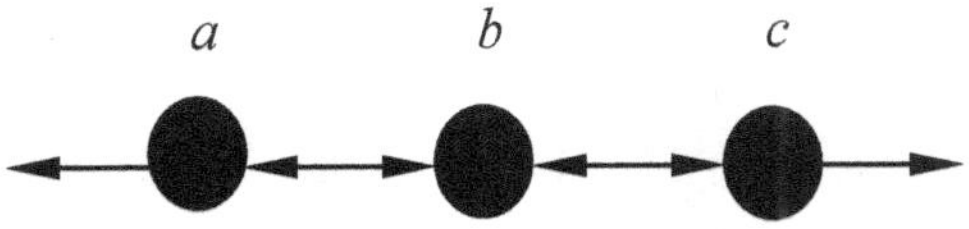

膨胀球面对物体形成的应力平衡情形

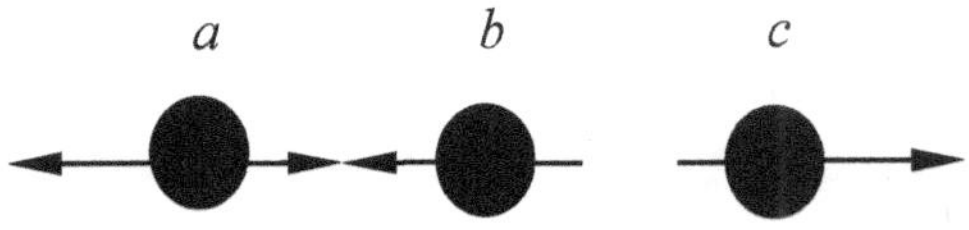

膨胀球面对物体形成的应力失衡情形

图 6

6、物质的产生

动元的邻域阻力

要知物质的成因，必先了解它的本质。

目前，最为流行的一种观点认为，宇宙大爆炸时产生了物质和反物质。然而，持此观点的科学家并未详细描述产生物质和反物质的具体细节。实际上做到这一点并不容易，因为宇宙大爆炸的命题涉及到宇宙的终极问题，缺乏终极真相，如何讲得明白。更何况，目前连一个广受公众认可的物质定义也未形成，又何谈其细节。

什么是物质？一般认为物质是构成宇宙间一切物体的实物和场。然而。“实物和场”又是什么，估计知晓的人也不多。哲学上认为，物质是一种不依赖于人的意识而独立存在，同时又能够被人的意识所反映的客观实在。这应该是对自然界乃至社会现象的根本特性的高度概括，而非仅对物理层面物质本质的定义。

基于这个原因，我们还得从物质的两个简单特征说起，再对它的本质进行分析，探讨其在宇宙中生成的机理。

1、看得见：物质之所以能够被看见，是因为光波遇到有别于太空的东西反射到我们眼睛刺激视觉神经所致。那么，为什么光波遇到物质能够产生反射，而遇到太空却不会呢？这就需要认识到物质何以有别于太空。前面说过，自然界的一切都遵守宇宙原速，宇宙动元也不例外。如果说有区别的话，无非是两者动元的运动状态存在差异。

2、可感知：为何太空难以感知，而物质却能被感知，这同样令人困惑。究其原因，也只能从两者动元的运动状态中寻找答案。

推论：正膨胀球面动元和负膨胀球面动元的运动状态区别在于后者存在邻域阻力。

在此之前，我们曾讨论过：任何一个球面均为已被展开的球体；而任何一个球体又是未被展开的球面。时空球面遵从球面与半径来回变化规律逐步膨胀，负膨胀球面动元则随着正膨胀球面的扩张，被逐步嵌入其中。那么，未被嵌入正膨胀球面的负膨胀球面便随着收小。这样，其动元的总的运动角度便趋向于收敛方向。在这种情况下，犹如比赛结束时观众同时涌向球场通道出口一般，动元之间因之出现运动障碍，笔者将此现象称为邻域阻力。动元间的邻域阻力会导致这类动元出现失速倾向。然而，实际上它们并未真正失速，由于受到了正膨胀球面反向的牵引作用，从而引发了“抱团”运动，并因此服从宇宙原速。

实际上相邻动元间运动出现障碍的本身就意味着“抱团”。在这种情况下，单个动元无法跟上宇宙原速，而“抱团”即能跟上。为什么单个跟不上，“抱团”能够跟上呢？原因在于，单个其实是失向，无法体现其运动。而“抱团”则能在时空膨胀力的驱动下摇旋和相互绕动，旋动才能让所有动元动起来。正如汽车沿着前方行进，其拖卡轮毂也得随同车头引擎转动起来才能跟上速度一样。宇宙动元“抱团”运动便是物质运动：

动元邻域阻力 → 动元失速倾向 → 具惯性基本构体 → 物质失速趋势

因此，宇宙中存在两种终极“粒子”：一种为无惯性“粒子”，另一种为具惯性粒子，即物质。由于时空球面不断以恒定速度膨胀，负膨胀球面动元依次嵌入正膨胀球面成为常态。这使得负膨胀球面动元受到一种牵拽效应——尽管它们能够跟上宇宙原速，但在其周围的正膨胀球面上，却如同被拉紧的橡皮膜一般，产生了应力带，这反映了其滞后特性。这种滞后性正是物质属性的具体体现。

相对于太空动元，带滞后倾向类动元显得尤为关键，我们人类就是由这类动元所构成，故而能够感知彼此的存在。所以说物质是运动的体现，是动元间邻域阻力的展示。物质与物体之间并无本质上的差异，它们仅仅是带失速倾向类动元在组合尺度上的不同体现，因此，物体失速趋势的强度只取决于其质量的大小。但有一个前提条件，即无论其规模大小，都需以摇旋与绕动相结合的方式来满足宇宙原速。质量大的物体产生的应力也大，其强度也大，被牵拽的力度当然也大，引力也大。失速趋势在我们身边最明显的反映是重力加速度。重力加速度不同于一般宏观运动物体速度，它与运动的初速无关、与被施加力的大小无关，仅与引力有关。比方说我们地球，平均重力加速度约为 9.80 m/s^2，说明其失速趋势强度为 9.80 m/s^2。若要矫正这个速度，正膨胀球面必须施加足让地球产生 9.80 m/s^2 加速度的牵拽力才能保证构成地球的所有动元满足宇宙原速，同时也表明其他物体如要进入地球辖区就得具备 9.80 m/s^2 的加速度。同理，太阳表面重力加速度 2.74×10^2 m/s^2；月球赤道重力加速度 1.62 m/s^2 也是说明两者的失速趋势强度。这一现象同时表明了自然速度是万向速度。

物质的基本构体

物质的基本构体，或许正是当下众多物理学家苦苦寻觅的“基本粒子”。但基本构体意味着结构粒子，二者有所区别，故文中没有称其为基本粒子。

基本构体是宇宙动元转变成物质的拐点，由负膨胀球面动元间邻域阻力所产生。

动元抱团运动，其最小的“团体”自然是以单个动元ρ作直径。根据此前讨论的最小球体，它由 3.141……加直径共 4 个ρ构成。但如果这样就会出现 0.141……的“誖谬域”，那么再加上一个共 5 个ρ，经过简易计算也会出现 0.129……的“誖谬域”，但总比原来 4 个ρ的小，当然 3 个或 6 个或其它数量出现的“誖谬域”会更大，所以物质的基本构体由 5 个动元构成。如图 7 所示。

“誖谬域”顾名思义，是指毫无理由之域。在终极运动的情况下，它可以被“覆盖”，但显然其越小，对“存在域”越有利。此外，大家还需注意，千万别把动元理解为圆球状粒子。动元是时空的基本单元，没有具体形状.。由于圆球状最符合人们的思维习惯，因此著者仅以该图示说明相关原理。

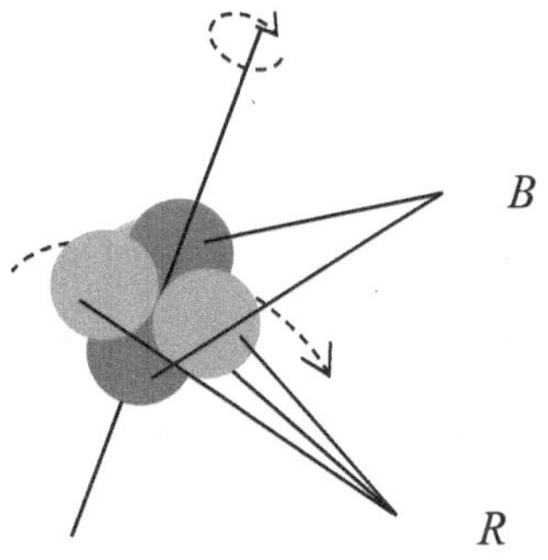

图 7　基本构体

一直以来，科学家们普遍认为基本粒子是宇宙最小粒子，并不断地努力寻觅，而将其他的所谓粒子诸如中微子、光子、希伯来粒子等也归类为特殊物质粒子，从而使得自然界的面貌越发模糊不清。事实上，基本粒子这一概念不应被泛化。动元并非传统意义上的物质粒子，它是无质量的时空基本单位（如所谓的光子和引力子之类），此外，尽管基本构体为具质量粒子，但理论上动元不可分割，而基本构体则是可以被分割的。通过下面的进一步分析大家可以看到，电性和磁性均出自基本构体。由此推知，基本构体乃人们较为熟知的电子。电子是形成电流的物质粒子。

粒子自旋为半奇数原理

粒子自旋为半奇数是解决负膨胀球面动元满足宇宙原速的自然方案。

自旋为半奇数粒子称为费米子。环绕原子核运动的电子则为这种粒子。据相关资料解析：自旋是微观粒子的一种性质。自旋为 0 的粒子从各个方向看都一样，就像一个点。自旋为 1 的粒子在旋转 1 周后看起来一样。自旋为 1/2 的粒子必须旋转 2 周看过去才一样。自旋为 1/2 的粒子构成宇宙一切物质。

这就显示出最令人费解的地方：我们平时遇到的物体都是旋转一周（360°）就回复到原来的样子，而费米子例如电子为什么要旋转两周（720°）才回复到原来的样子呢？虽然目前有众多解释，但都如雾里看花，终隔一层。

其实奥秘就在电子的自旋方式上。因为正膨胀球面的牵拽效应，构成物质的动元都满足宇宙原速，所以其速度都是恒定的。由于基本构体是自然界物质意义的最小粒子，是物质范畴中不可再分割粒子，所以不具备像宏观物体那样在其速度变化时微观粒子予以自动调节的条件。如图 7 所示，假如抱团的 5 个动元速度不同，让其中一个去调节的话，基本构体就会即刻解体而失去物质意义。

人们会习惯地认为自旋是像风车一样围绕着中轴旋转，其实并非如此，如图 8 中 5 个动元，如果只沿实轴旋转，两头的蓝色动元就相当于不动，只有中间红色的 3 个在绕动，前者速度就跟后者相左；相反，如果实轴不转动，只沿虚轴作圆周摇转，又只有蓝色动元在绕动，而红色动元只作起伏性波动，后者速度又与前者相左。怎样“自旋”才能让 5 个动元的速度一致呢，自然界给出的方案是像地球的进动和章动一样“摇旋”。“摇旋”就是摇着转动。如图 8 所示，实轴和虚轴相交于构体中心，蓝色的两个动元在沿实轴转动的同时也随虚轴摇转，两种方式同时进行蓝红动元速度才会一致。但这样摇转一周时实轴才得半周，大家不妨试验一下：必须摇转两周（720°）实轴才刚好转过一周回复到原先样子。也就是说，基本构体“自旋”，只有偶数周才回复到原先的面目。这便是粒子自旋为 1/2 的基本原理。

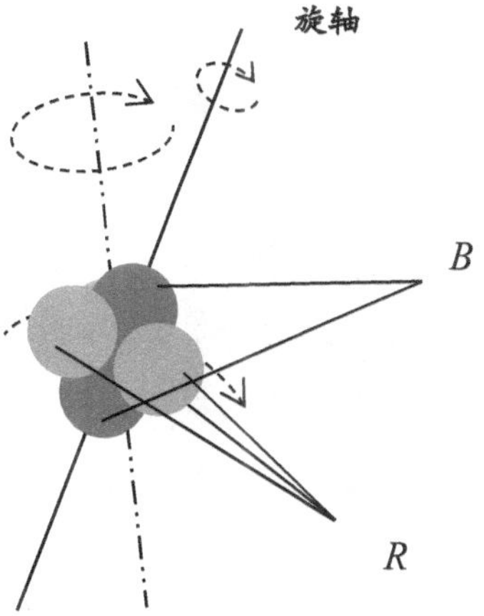

图 8　电子结构

其它如“自旋”为3/2、5/3粒子的奥秘也在这里，只是实轴和虚轴转动的周期比例不同而已，原理都一样。

电磁的起源

电磁学是现今人类应用极为广泛的一门科学。然而，时至今日，人们仍未弄清楚电性和磁性的起因。我们只知道电场和磁场的某些性质及其作用，却怎么也想不到两者均起源于时空球面膨胀导致基本构体的摇旋效应。基本构体确是自然界的绝妙之作，它不仅构成了宇宙的一切物质，而且确定了磁性和电性的根源。

下面让我们一起来揭开自然界磁性和电性之谜。首先是磁极问题：自然界怎样产生磁极并且同性相斥异性相吸呢。

我们知道，基本构体之所以摇旋是因为时空球面膨胀力的作用，结果是使得其中的动元都满足宇宙原速。可以说基本构体是星系连动的最基本环节粒子。

在时空球面膨胀的过程中同样会在基本构体周围形成相当的应力带。这种应力带类似于水位和水轮机——水轮机的转动是因为水位的势能作用而引起涡旋效应；同样原理，基本构体是因为时空球面膨胀力的作用导致摇旋效应。不过我们发现，构体中蓝色动元两端的摇旋应力带和红色动元周边的是不一样的，蓝色动元两端的摇旋应力带类似于一辆行进中的汽车轮毂，从左右两侧看过去其转动方向截然相反，如果一侧为顺时针方向，另一侧必然为反时针方向。

以此来看，拿两个基本构体举例：蓝色动元两端形成的摇旋应力带就好像两个旋转的风叶，当旋转方向相同（例如顺时针方向）的一端互相靠近时，摇旋应力带的方向正好相反，因此出现相互排斥的现象，如图 7 所示：而当摇旋方向互为相反的两端靠近时情形恰好相反，故表现出互相吸引现象。摇旋应力带之于电子实际代表着它的失速趋势，所以在时空球面反映的是一种摇旋引力，只不过方向互为相反而已，因此在磁铁上便可直观地观察到同性相斥异性相吸的现象，这便是磁性。

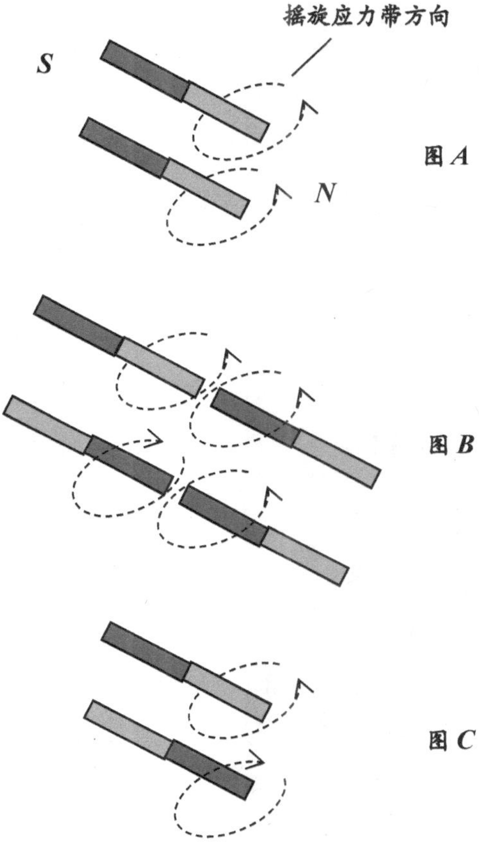

图 9　磁性原理图

在图 9 中，图 *A* 的两根磁铁彼此摇旋应力带方向是指向对方的，于是互相排斥。当摇旋应力带方向相反的两端靠近时，如图 *C* 所示，是指向自身的，于是互相吸引。图 *B* 是进一步说明图 *C* 和图 *A* 的情形。

电性又是怎么回事呢？原理跟磁性差不多：基本构体中间 3 个标志为红色的动元周围的摇旋应力带所反映出来的摇旋引力场便是电场。只因为 3 个红色动元没有形成两端，所以其摇旋引力带只是对外呈现出正反两种状态而没有两极。电子与之对应的质子摇旋所反映出来的应力带犹如两只摇摆着旋转但方向相反的齿轮，因而表现出彼此耦合的那种倾向。两个电子之间的情形则刚好相反，故表现出相互排斥现象。电性和磁性都同样地表现出同性相斥异性相吸现象，只是人们把电子拟定为带负电“粒子”，而把质子拟定为带正电“粒子”。结合“摇摆着旋转的齿轮”所对应的摇旋引力带，可从动力学角度更为完整地解析原子核外电子排布遵循三规则问题。

电磁现象均源于时空球面膨胀力对物质产生的应力作用，和万有引力没有本质区别。只不过形成电磁现象的摇旋应力带仅与其对应的基本摇旋构体起作用，从而表现出一种特殊的引力而已。基于这个原因，以此发生的电磁波就很好理解了，那是因为电性和磁性都是电子摇旋的产物，二者相随而生，所以只要出现动态磁场必然伴随着动态电场，反之亦然。而对于时空球面而言，便是一种引力波。

惯性的来源

任何物体都要保持匀速直线运动或静止状态，直到外力迫使它改变运动状态为止。这是牛顿在《自然哲学的数学原理》中对惯性现象的原始表述。当然，这里的“静”和“动”是相对而言，尤其侧重于宏观物体。目前物理学家一致认为：物体惯性的大小只和物体的质量有关，和其他一切都无关，和速度无关，和受力无关。物体的惯性在任何时候，任何情况下都不会改变，更不会消失。物体运动的原因在于惯性而不是力，力是物体的运动状态发生改变的原因。亚里士多德曾错误地认为力是维持物体运动的原因。惯性只有大小，没有方向和作用点，也没有具体数值，没有单位。

惯性是物质的基本属性，代表物体运动状态改变的难易程度，不等同于惯性定律。惯性定律描述的是运动和力的关系。我们在解释惯性现象时，不能出现诸如“惯性力”“惯性作用”等词语，可以说“由于惯性”“具有惯性”……

至于惯性的来源，却是困扰数代物理学家的难题。奥地利学者恩斯特·马赫（*Ernst Mach*，1838-1916）认为惯性来源于物体与宇宙其余部分的相互作用。意思是惯性并非物体固有的一种属性。有关惯性起源的最新进展是：宏观惯性现象起源于无意识的行为，而微观非惯性不可测现象起源于有意识的行为。总之，虽然拥有伟人牛顿的经典理论，但宇宙的许多现象也是无法解释。运用经典理论所无法解释的，也是现代物理学奠基人爱因斯坦留给我们后人的问题。爱因斯坦也无法解释惯性，所以无奈地把相对论分成广义和狭义两部分。他的人生一直被这个问题所困扰，最终也没有做出结论。

简单地说，这是迄今为止人们对惯性现象的基本认识。那么，惯性究竟何方神圣？看来要揭开它的神秘面纱还得寻求宇宙原速理论帮助。

宇宙原速原理的核心在于，物体宏观速度的变化伴随着其微观速度的相反变化：即宏观速度提升时，微观速度相应减小；宏观速度降低时，微观速度则相应增大。由于宇宙原速是自然界的恒定速度，所以物体的宏观和微观速度改变的方向互为相反，从而产生改变运动的阻碍。这个改变物体运动的阻碍便是惯性。

为了进一步分析惯性现象的背后成因，我们在这里增加一个概念，称作应力态势。应力态势与失速趋势相类，指相对于宇宙原速带滞后倾向一类动元的环境形势。大致情形也可类比为汽车牵引着拖卡行进，尽管两者速度相同，但拖卡仍保持着失去速度的趋势——若脱开拖臂便会掉后。当动元遭遇邻域阻力时，也会出现这种情况，但失速是不被允许的，那样就是“誖谬域”，因此这类动元形成了基本构体。基本构体受到时空球面膨胀力的牵拽而产生摇旋，使得其中动元都满足宇宙原速。那么，如同汽车的拖臂产生应力一样，构体周围便形成一个应力带，通过组合之后便构成了物体周围的应力带。这个应力带反映出时空球面矫正该物体失速程度所需要施加力的状况。也就是说，时空球面膨胀在对物体施加牵拽作用力使之产生万向运动的同时也体现出该物体周围的应力形势。

基本构体之所以称之为物质就是因为它具有惯性，分析惯性的来源自然要从具惯性最小粒子说起。它的惯性是从哪里来的呢？通常，宇宙中的基本构体都处于一种原始的应力平衡状态。因此，当一个基本构体受到外力作用时，它会沿着受力的方向加速运动，根据宇宙原速宏快微慢（附注 3）原理，与受力方向相同的一面的动元相当于加速从而抵消了部分应力，这方面的应力态势就会减小；而相反的一面由于受力方向相反故其动元相当于减速，这方面的应力态势就会增大。犹如你拖拉一个小孩跑步，当其速度快跑起来的时候你手中的拉力就会减小，小孩的费力程度就会增大一样。

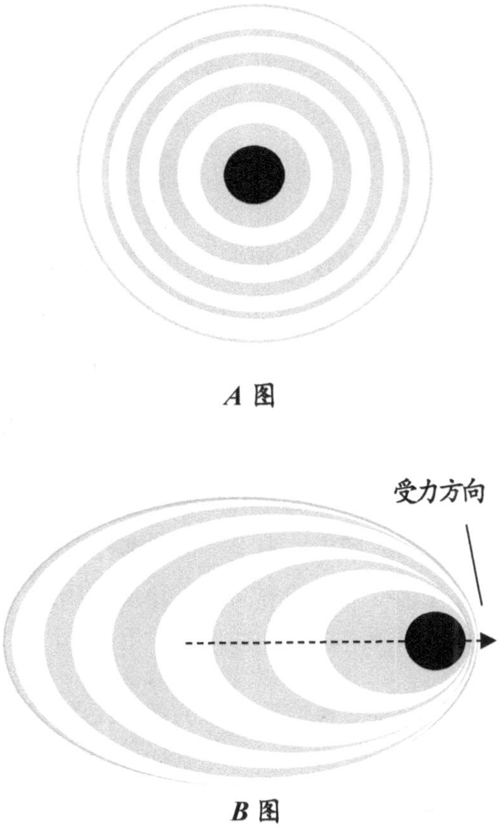

图 10　惯性原理图

以此理解物体惯性，通过图 10 所示就更加明白：当运动物体在外力的作用下加速运动时，其总体应力态势便随之发生重组而失去平衡。类似于附注 2 图 6 所示原理，与受力方向相同的一方因为加速从而抵消了这方面的部分应力，应力态势于是减小；而相反一方由于受力方向相反，被前方抵消的那部分应力便被转移到这边来，这边的应力态势因此而增大，如图 10 中由 *A* 图变为 *B* 图。从图中可以看到，与受力方向相反的一方的时空球面对物体的牵拽作用力较之与受力方向相同的一方明显大了许多，由此体现出物体的惯性现象。物体应力态势重组现象便是惯性。由此可以猜想：当物体受到外力的作用运动时，与受力方向相反的一侧万有引力应当大于与受力方向相同一侧。

惯性现象也可从另一个角度加以说明：惯性具有一个显著的特征：即改变物体的运动状态需要时间。具体来说，当一个物体受到外力作用时，如果改变其运动状态所需的时间越小，那么它的惯性就越小，质量也就越小；反之，如果改变运动状态所需的时间越长，那么它的惯性就越大，质量也就越大。

任何一个物体都是一个微观连动体系，当其速度发生改变导致应力态势改变时，原先物体内部的连动体系就会发生重组，这体现了微观粒子运动状态的相应调整。由于任何运动都与时间捆绑，因此也说明惯性代表重组物体应力态势的时间。物体质量越大，其微观连动系统相应越大，构成的应力态势也越强，重组所需时间就越长，惯性也越大；物体质量越小，微观连动系统越小，应力态势越小，重组需时也越短，惯性越小。与此同时，当一个物体受到一个外力作用时，施加力的一方的应力态势也随之发生重组。此中关系结合惯性定律或可得到更加完美的解析，这里无需赘述。

变化是时间的本质，应力态势发生变化的过程实质上是一个历时性的过程，物体所具有的应力态势也反映出其时间态势。时间是自然界万物运动的背景，以时间为参照，因此改变应力态势的难易程度实质上就取决于所需时间的长短，这进一步揭示了惯性背后隐藏的深层本质。就好比用一个弹簧来阻挡直径、速度相同的铅球和铜球，结果使铅球停下来的时间大于铜球，说明铅球的惯性比铜球大。

物体运动的原因在于惯性；惯性的原因在于时空球面施加于物体的应力态势。再说我们地球，当然也是自然界物体中一员，那么它的惯性表现如何呢？这同样可以从时空球面作用于其周围的应力态势中得以体现：大家知道，地球的引力加速度大约是 9.80 m/s^2，这是万有引力矫正地球的失速趋势的情况，也就是说地球在总体上需要矫正的自然速度距离宇宙原速还差 9.80 m/s^2。例如，当你站在高塔上握住一块石子，这块石子在自由落体状态下的加速度大约是 9.80 m/s^2。石子对你手臂施加的力，实际上反映了你阻止石子以这个加速度自由下落所需施加的反作用力。一旦松开你的手，石子便以 9.80 m/s^2 的下落加速度指向地面。换言之，石子必须以 9.80 m/s^2 的加速度接近地球方可融入其中使之成为它的一部分。这说明什么呢？说明地球的惯性大小：其一是地球质量决定了其任何物体产生每秒 9.80 米加速度所耗的时间；其二是地球的万有引力作用力，致使地球产生每秒 9.80 米加速度。这也进一步说明物体的引力加速度本质也是自然速度。

由于物体释出动元的过程是漫长的，所以物体的质量消减也是漫长的，因此表明万有引力是相当稳定的，同样也表明时空球面赋予物体的总体应力态势也是相当稳定的，故而物体的惯性也很稳定。即如惯性现象的原始表述一样：任何物体都要保持匀速直线运动或静止状态，直到外力迫使它改变运动状态为止。

对于负膨胀球面，星系连动系统是整体上最大的应力系统。因为空间是唯一，所以系统全都出现在正膨胀球面（太空）上，自然界的一切物体都在其中展示着各自独特的运动形态。如果某一物体的动态偶尔被改变，那么就意味着该物体的应力态势发生了变化，尽管其内部的应力结构也随之改变，但其质量却保持不变。

附注 3：

即物体在其宏观速度加大的同时微观速度则减小。

7、时空束缚力

在晴朗的天空底下，自然界万物在我们眼前显得格外分明，众所周知，这一切都由原子构成。正如前文所述，原子又由基本构体构成，基本构体又由动元构成。换句话说，如果你长有一双金睛火眼的话，就能看见两样东西，一是动元，二是基本构体，两者都是宇宙基本单元。原子看上去非常稳定，澳大利亚科学家的一项最新分析表明，电子一质子质量比在过去 60 亿年中并没有什么显著变化。原子核的密度极大，达到 $10^{14}g/cm^3$。原子核中有中子和质子，质子是带正电粒子，所以质子之间会互相排斥。这就出现一个让人纳闷的问题：是什么力将质子捆绑在一起，使得原子在化学反应中原子核不发生分裂，在这么小的区域内保持稳定状态？科学家将其解析为核力。

根据相关资料显示，核子属于强相互作用的类型。核力有如下基本性质：短程性、饱和性、电荷无关性、交换性、非中心力。

核力是一种很复杂的相互作用，人们通过多年的实验研究和理论分析，才对它的特性有了比较细致的了解，但仍不完全。20 世纪初，人们只知道自然界存在着两种力：一种是万有引力，另一种是电磁力。对于带电粒子，在相同的距离上两种力的强度差别很大，电磁力大约要比万有引力强 10^{35} 倍。

基于两种力的性质，原子核中的质子要靠自身的万有引力抗拒相互间的库仑斥力是不可能的。核物理学家猜想，原子合理的和之间有第三种相互作用存在（引文如此），即存在着一种核力，是核力把核子紧紧地束缚在核内，形成稳定的原子核。后来的实验证实了科学家的猜测，并进一步揭示了核力的性质与特点。

然而，核力从何而来，却让人感到十分纠结。对于这个问题，我们在前面的讨论中曾做过这样的分析：由于时空球面以恒径速膨胀，所以其膨胀速度是固定的。这从侧面表明这个速度也是束缚时空球面随意膨胀的速度。正如挂上挡位行驶的汽车，除了在上坡时保证汽车的行进速度外，下坡时又成为限定汽车的冲行速度——恒定的时空球面径速变成了一个强大的束缚力，牢固地绑定了它的膨胀速度，使得宇宙中的“粒子”被清晰地界定开来，也就是说，未被嵌入到正膨胀球面的动元为物质状态，反之则为太空状态。但是，自然界物质并非万古不变那样稳定，它会以中微子之类的宇宙射线方式不断且有序地向正膨胀球面释出动元。一旦被释出动元，则意味着这个物质基本构体随之解体，脱离了物质范畴，不再是电子一质子概念的粒子。中微子之类宇宙射线就是这个过程的产物。因为一个基本构体解体后它的 5 个动元都会嵌入正膨胀时空球面，不会余下“半成品”，所以自然界物质转化为动元的过程不会影响到其他电子一质子的稳定性。

核裂变反应其实是通过人为操作让原子核被动分裂，导致原子核结构发生重组，迫使其中基本构体非正常解体，像楔子一样不按常规嵌入时空球面，对宇宙原速造成干扰，从而产生如同汽车被追尾般的轰然效应。同样，人为上的核聚变反应状况正好相反，如同汽车主动追尾，致使时空球面瞬间产生被动收缩效应。两者都因为冲击宇宙的有序运行而产生巨大震撼。不过，核爆发对于时空球面只不过触碰一下，绝不会影响到其正常运行。无论人类如何进行核变，时空球面膨胀都不会因此而出现“提速”或“减速”现象，否则就无法想象了，应该远不止用灾难所能形容的。大自然就这么神奇，在时空的约束之下，于虚无缥缈之间出现了星辰耀海，苍穹璀璨的景象。

动元被释放现象是宇宙运动的正常现象，按常理说，这与人类并无直接关联。人类若主动干预，无异于违背了宇宙的自然法则，其结果可想而知，只会给人类自身招致更多困扰。物质的稳定性依赖于时空球面的规则膨胀，归因于时空束缚力。时空束缚力就是“强相互作用力”，核能源自于时空球面束缚能。

8、关于质能方程

世界上最伟大的十个公式中排行第五的质能方程 $E=mc^2$ 表明，能量和质量只不过物体力学性质的两个不同方面而已，任何惯性质量都可以理解为能量的一种储存形式。尽管许多人并不完全理解这个公式的深层含义，但他们普遍接受物体质量实际上是其能量的度量，即质量的本质是能量。

但能量等于质量乘以光速的平方，的的确确让人摸不着头脑。能量与质量之比关光速什么事？对于这个问题，让绝大部分从事物理研究的科学家们头痛万分，在公布的最初甚至到现在有些科学家仍然认为这个方程是错误的，但无数实验实实在在的数据显示，质能方程准确无误。这真可谓是只知其然而不知其所以然。

面对质能方程这一“真实而又正确的谜”，我们不妨换个角度思考：从动元和基本构体出发，或许能更轻松地揭开其隐藏的真相。

不出所料，通过这两个终端密码结合方程中最为关键的常量 c 的自乘问题，其中的奥秘便清晰地显现出来。如前文所述，质量与非质量的界限在于物质与动元之间。物体质量代表的能量其实就是其含有的动元数量。而动元都以宇宙原速（即光速）的方式存在，因此其即时能量表现为 $E=mc$。就是说，一定的物体质量的即时能量等于其满足宇宙原速的动元数量。其隐秘的地方在于，能量必须通过时间才能反映出来，就像通过时间才能反映速度一样。由于宇宙运动是球面与半径的回还更变运动，确切地说是一份一份的运动，如果一份代表“即时”，那么两份就是 2 个“即时”，三份就是 3 个“即时”……n 份就是 n 个“即时”——n 乘以时间。于是，一定的物体质量的能量等于其满足宇宙原速的动元数量乘以时间。时间就是宇宙原速，而宇宙原速又等于光速（见下文），于是 $E=mc^2$。

因此，质量和能量的关系便转化为基本构体的解体与时空球面动元之间的关联。正如前一节所讨论的，在核聚变和核裂变过程中，物质粒子通过非正常解体或重组释放出巨大能量，正是这种关系的体现。这显然与化学反应中“放出能量”的概念完全不同，后者类似于“惯性来源”原理，属于物质范畴内的应力递变现象。

9、关于质量变大的命题

什么是质量？一般认为，质量是指物体中所含物质的量。那么，我们怎样去衡量“物质的量”呢？狭义相对论认为物体运动速度越快它的质量也会越大，当一个物体的速度接近光速时质量达到无限大。这就引出一个令人困惑的问题：运动物体的质量变大，是指该物体所含的分子或原子数量增多还是说它的惯性变大了，或者说它的重量（引力）增加了？如果是肯定的话，岂不与经典物理定律相冲突？

速度能够致使运动物体质量发生上述三种变化显然是值得深入思考的。首先，如果质量增加是指物体内部物质粒子（如分子或原子）的增多，那么这些新增的粒子究竟从何而来？是运动速度产生的能量变成的吗？能量又是如何变成这些粒子的？须知，这里所指的能量必然是有载体的，两者岂能割裂开来！其次，如果质量变大是指物体的惯性变大，可惯性表述的物体运动速度明显是指匀速度，而不是变速度。我们把物体保持匀速直线运动状态或静止状态的性质称作惯性。质量是物体惯性大小的度量。物体速度与惯性的大小无关，速度加快并不会使其惯性增大，因而此说也不成立。那么，运动物体的质量变大难道是指它的重量增加了？但重量与引力有关，在我们地球的表面上引力就是重力，使用天平称得的物体重量就是它的质量，因此用引力量度的质量又叫引力质量。不同天体引力各异，因此同一物体在不同天体中的重量不同，运动物体重量增加的说法不成立。

实际上，狭义相对论认为物体运动速度关系其质量大小，恰好验证宇宙原速原理的正确性。也就是说所谓“物质的量”与我们平常的产量、流量并无二致。但产量、流量都是指定范围内的量，比如亩产量、年流量等等，这个范围并没有统一标准。没有统一标准你就说不清整卡车棉花的质量大还是一箩筐废铁的质量大。必须在指定范围内才能比较物体质量的大小。因此单位空间内所含物质的量才叫质量。而单位空间内所含物质的量实际就是物体的密度，所以质量的本质意义应该是指物体的密度。运动物体相对于静止物体，由于两者的微观速度不同而导致它们的密度不同。实情是运动物体密度增大了，才导致单位空间所含物质的量不同，这应该就是质量变化的真相。

运动物体的密度为何会增加？要解答这一问题，需明确运动物体与静止物体之间的差别所在。两者的主要差别体现在它们的内能上，也就是微观粒子的速度上。相对而言，物体的宏观速度越大它的微观速度越小，反之，宏观速度减小时，微观速度会增大。两者合起来等于宇宙原速。由于自然界的一切物质都遵守宇宙原速。如果物体的宏观速度达到光速，它的微观速度就等于 0，也就是内能等于 0，那么该物体的温度就是绝对 0 度（-273.15℃），则意味着该物体微观运动体系彻底瓦解——内能全部转化为外能。这样的外能其实就是时空球面，而不属一般概念上的物体。由于自然界中所有物质均受制于时空球面，这一现象揭示了一个重要的事实：运动物体的宏观速度无法达到光速，更遑论超越光速；在物质范畴内，人类亦永远无法实现绝对零度。

仍然回到上面的问题：为何物体的微观速度降低会导致其密度增加呢？这其中的原理其实相当简单。比方说，当人造卫星的绕轨速度增加时，其轨道半径会随之扩大；相反，若其速度减小，轨道半径则会相应缩小。物体的微观粒子运动与此类似，例如，原子核外的电子在吸收特定能量后，会从基态跃迁至能量较高的激发态；而当激发态的电子返回基态时，则会释放出多余的能量。反过来看，粒子的速度减小，其运动轨道随之降级并收窄，这表明其整体规模缩小，单位空间的粒子数量则变大。这种情况在分子的热运动中尤为明显，平常的“热胀冷缩”现象用我们的眼睛就可以观察到。因此，运动物体“质量的变化”，其根本原因可以归结为微观速度的变化。同一物体，宏观速度增大，微观速度就会减小，密度就会增加，即质量增大；相反，宏观速度减小，微观速度会增大，导致密度降低，即质量减小，这与物体的种类无关。

有人认为“微观粒子的运动速度很高，其质量明显大于静止质量”。这实际上是一种误解，即将能量直接等同于质量的增加，错误地认为内能的提升就意味着质量的增长。事实上，由于自然界中不存在绝对静止的微观粒子，因此无法直接验证这种质量增加的观点，它更多地基于一种主观推测。

或许读者会问：运动物体的宏观速度增大，它的内能就减小，那么减小的那部分内能到哪里去了，是转化为外能了吗？可以这样认为。如果将物体的宏观速度视为其外能的表现，这一观点是成立的；否则，这部分内能则是抵消了使之加速的外能。其转换机制并不复杂，暂且称之为“轨道占用原理”。例如，一辆汽车以时速 90 公里从平地驶向下坡，起初由引擎驱动，到达下坡时则转为重力驱动，但时速仍维持在 90 公里，这相当于在下坡过程中，重力占用了原先引擎提供的动力轨道。按照宇宙原速原理，物体的任何运动都与自然速度同向——所谓物体的轨道运动，本质上也是时空球面径向运动。同一物体的宏观运动轨道亦就是构成它的质点的微观运动轨道，二者之间的区别仅在于整体与局部的层面。由于宇宙原速是恒定的，所以整体和局部之间的任何速度变化都在其制约之下转变。

10、关于时间变慢的命题

根据爱因斯坦的狭义相对论描述：时间会随着物体速度的加快而变慢，当达到光速时将趋于停顿。这一命题同样可以通过宇宙原速原理来解析。但要解析时间与运动物体速度的关系，必先了解时间的本质，否则极易陷于毫无根据的臆想。什么是时间？根据前文的讨论我们知道时间既不是箭头也不是超越空间的通道，更不是普遍认为的产生于人的感觉。时间是空间的更新。那么，它是否随运动物体速度加快而变慢甚至停顿，就得看该物体的空间更新是否随其速度加快而变慢或停止。

很简单，空间运动便是空间更新的体现，它包含宏观运动和微观运动两个层面。具体而言，一个物体的整体运动为宏观运动，构成其自身的粒子运动则为微观运动。因此，时间应由宏观时间和微观时间综合构成。如果物体宏观运动加快，则意味着宏观更新加快，也就是宏观时间加快，那么它的微观时间就减慢。如果物体的宏观运动等于光速，根据宇宙原速原理，则意味着它的微观（具质量粒子）运动等于 0，微观更新停止，这个物体就是没有质量的动元。这个时候如果有人站在该运动物体上，他的身体就没有一丁点儿变化而成为永恒！很显然，这就是本节命题的理论形态。

不同天体由于宏观运动情况不一样其微观运动情况也不一样，比如月球的宏观运动跟地球就不一样，它是在地球运动的基础上的运动，显得比地球更快，因此它的微观运动就比地球慢。那么，地球的时间是否跟月球的也不一样呢？那得看你问的是什么时间——是空间体现的时间还是微观时间。空间体现的时间是指空间总体时间，它包含了微观更新和宏观更新两个方面，两项更新速度合为一起即为空间时间。由于这种情况对于自然界任何天体都成立，所以任何天体的总体时间均具同一性，地球的空间总体时间与月球的空间总体时间也完全一样。此刻，你的朋友如果在月球上用手表跟你对时，你的时间和你朋友的时间肯定一样。然而，如果你们都使用原子钟计时，那么，你朋友所在月球上的时间显示将会比你的慢——原子钟反映的是微观更新情况，由于月球的微观更新比地球慢，他那里的原子钟显示的时间也会比你的慢。

同样原因，当你坐在行进中的宇宙飞船上使用原子钟跟家里人校对时间时，由于你的宏观运动比地球快，微观更新就比地球慢，因此你们的时间就会对不上。当然，实际差别会很微小，没有特殊仪器不容易测出来。但是，如果你有兴趣到金星或水星上去旅行的话，在那里你的原子钟显示的时间就会比家里人的要快很多。至于具体快多少，我们需要用连动环节速度去对照，计算它们的宏观速度与地球之差，才能得出准确的结果。宇宙的其他天体的时空原理也是这样，观测者无论走进哪个天体，只要测得它的微观时间就可以得知该天体相应的宏观速度。反之测得其宏观速度也可求知其微观时间。

但是，必须明确，所谓“时间变慢”并非意味着时间可以被分割成多个部分，更不能认为空间更新变慢了。原子钟的变化反映的只不过星系连动不同环节的空间变化，不能代表空间的总体时间。连动环节连同整体一起的变化情况，自然界的任何天体都一样。反之，任何天体中的连动环节，比如月球上一个区域的一个分子，它的微观连动与其宏观连动连同一起的变化情况也都一样，因此时间是统一的。

11、宇宙为什么“加速”膨胀

美澳 3 位科学家发现了宇宙的膨胀速度越来越快的现象，并因此共同获得 2006 年邵逸夫天文学奖和 2011 年诺贝尔物理学奖。这使得无数天文爱好者深感诧异：莫非我们的认知出现了堵塞！此前人们不是都在说在万有引力的作用下，宇宙会逐渐收缩最后将发生坍塌，包括人类在内的一切将被压缩成一个坚硬的重量惊人的超热小球吗？为何如今科学家却指出宇宙不但没有收缩，反而还在加速膨胀呢？

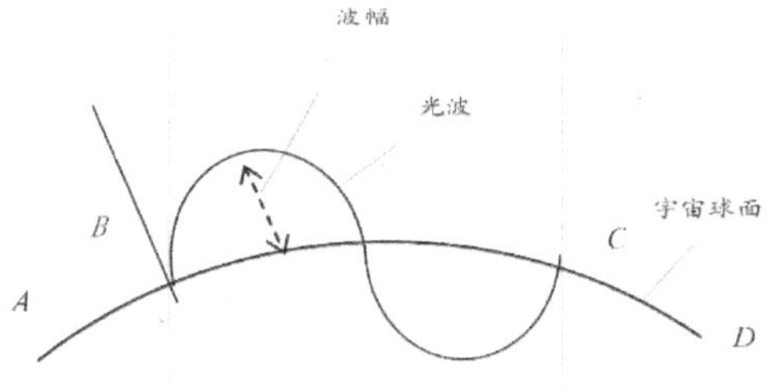

前一瞬间宇宙球面曲率及光波波长

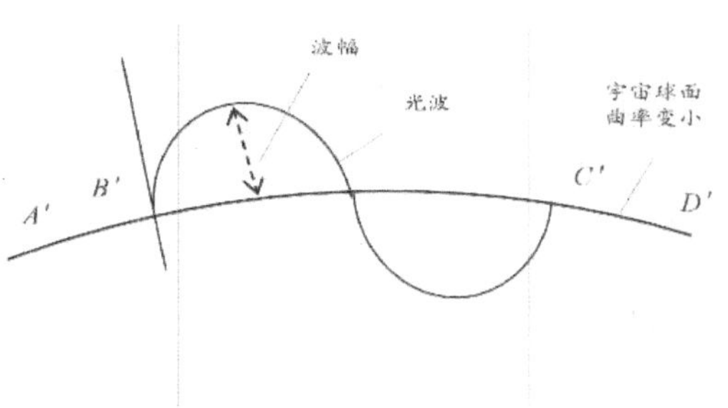

后一瞬间宇宙球面曲率及光波波长

图 11　宇宙球面膨胀致光波变化原理图

同样使人困惑的还有：宇宙加速膨胀的事实已使坍塌之说不攻自破。然而，令人遗憾的是，许多媒体不知为何，非但没有引导读者深入探索这一自然现象，反而利用大量臆造的天文影像，不断渲染宇宙坍塌等毫无根据的猜测。

似乎人们有意回避这个颠覆传统认知的诡异

现象。不过，宇宙加速膨胀的现象也确实让人摸不着头脑：星系加速退行，意味着有一股力量加以驱动。究竟是什么力量，有人想当然地认为是暗能量。但暗能量为何物？它来自何方？这就不得而知了。

事实上，所谓的宇宙“加速”膨胀，不仅从另一角度佐证了时空球面运动原理，而且成为时空球面膨胀最为直观的证据。其中道理非常简单，无非两种情况使然。

其一、在宇宙球面恒径速膨胀的背景下，球面两点间的最短路径（类似测地线）显然是匀速增长的，理应不会导致三位科学家耗费十余年得出的光学观测结果。真正误导三位科学家的应是宇宙球面膨胀所带来的如图 11 所示的效果：随着时间推移，宇宙球面不断膨胀，这意味着球面曲率持续减小，任意瞬时球面曲率均小于前一瞬时。换言之，尽管球面两点间的最短路径（测地线）保持匀速增长，但相较于前一瞬时，后一瞬时的张开度却增大了。光波在不断膨胀的宇宙球面上传播，随球面扩展而逐渐张开，导致光波波长被拉长，频率随之降低；此外，由于能量守恒，波幅亦随之减小。如图中 *B'C'*较 *BC* 拉长了，导致三位科学家观测到远方光线向红外加速偏移，流明度亦加速减小。事实上，宇宙球面的径速并未改变，宇宙星球间的路径也未加速拉大，因此无需担忧由此引发未来宇宙星球加速变成冰块。宇宙的这种“加速”膨胀现象，似乎只是一种错觉。

其二：若“加速”一词指的是宇宙球面在恒径速之下其瞬时增幅不断地加速增大，那就符合实际情况。从宇宙运动模型中可以看出：式$S^{'}(t) = 8\pi C^2 t$为宇宙膨胀球面的即时增幅，表明宇宙球面的面积是随时间加速增大的。它的加速度量值就是$S^{''}(t) = 8\pi C^2$。也许这才是宇宙“加速”膨胀的现实意义。

12、时间　宇宙原速　光速

关于运动速度

经典力学中的速度概念主要针对宏观速度，而对于宇宙运动，在观察宏观运动时，我们还需兼顾微观运动的相互影响，因此，需要用自然速度概念才能说明问题。自然速度是球面膨胀方向的速度，亦称万向速度，也就是说没有具体方向。虽然有的读者觉得不好理解，但它事实是我们身边最为普遍、最为广泛的速度：火车可通过制动系统停止；战机可被导弹击落；子弹受空气阻力最终落地。可见这些速度皆为表象。唯有自然速度，无论物体处于何种状态，均无法截停，例如，不论你今日是在睡眠还是奔跑，最终都将步入明天，届时你将长大了一日，无人能阻。自然速度是自然界运动的本质速度。

一列看似朝向东方加速行驶的火车，实际上它的微观结构正以相反方向，即向西减速，两者相互抵消，然而火车指向未来的运动速度却始终恒定不变。由此不难想象，自然界物体的任何运动都是其宏观速度与微观速度递变，本质上也是指向未来的运动。

也如同大树的枝叶源自根系，宏观物体运动的平均速度、相对速度、瞬时速度、加速度等概念亦均衍生于自然速度。

人们通常用物体运动的快慢来描述速度，这是基于时间作为参考背景的宏观速度概念。实际上，依靠直觉也能做出判断：当你乘坐客车并向窗外望去时，景物的变化越大，意味着车速越快；同理，当电影胶片快进时，银幕上的人物动作也会加快。这表明，我们可以从另一个角度来解析宏观速度的含义：它本质上反映了空间变化的快慢。与其说宏观速度是物体运动的快慢程度，不如说是空间变化的快慢程度。

时间　宇宙原速　光速

时间，我们在前面已进行了较为详细的讨论，它代表着空间的不断更新；宇宙原速可以理解为时空球面的顶端变化。关于光的常见描述如下：光源之所以发出光，是因为光源中电子获得额外能量。当能量不足以让电子跃迁到更外层的轨道时，电子会进行加速运动，并以光波的形式释放出能量。如果跃迁之后刚好填补了所在轨道的空位，从激发态到达稳定态，电子就停止跃迁。否则电子会再次跃迁回之前的轨道，并且以波的形式释放能量。

说实在的，即使再长的篇幅，也很难说明白电子究竟是怎样跃迁到高能级电子层的，关键问题在于电子跃迁是成对同时发生，还是单个进行或是根据其获得“额外能量”多少随意变化数量？而根据泡利不相容原理，电子层（亚层）中每个轨道最多只能容纳两个电子，尤其是相对低能级的电子层轨道的电子数量基本上是稳定的，这些跃迁的电子最终落在哪里？岂非乱糟糟一团，这又违反了原子核外电子排布三原则。

但不管怎样，原子获得额外能量能够发出可见光却是事实。其奥秘何在？如果我们把一个原子看作一个物体来分析，问题就会变得清晰起来：正如惯性原理一样，当一个物体受到外力作用时，其整体结构会发生调整，即物体整体速度增加时，其内部的微观粒子速度会减小，反之亦然。同理，当光源获得额外能量在其原子运动加速的同时，其中的电子就会减速，类似于人造地球卫星绕轨运动，电子层轨道随之收窄；相反，当光源失去额外能量在其原子运动减速的同时，其中的电子就会增速，电子层轨道相应增大，这或许正是电子“跃迁”的真相。在这一“收”一“放”中会导致原子周围应力带发生振荡，如果频率在可见光的范围内我们就能见到光芒，否则便是其他无线电波。

我们不妨回头总结一下：万有引力是发生于时空球面的一种牵拽应力；电场和磁场是基于基本构体发生在时空球面的一种摇旋应力。惟电子是同时带有电场和磁场的粒子，因此在其“跃迁”过程中，自然引发电磁场的波动，这种波动即为电磁振荡，所以，光是一种电磁波。值得注意的是，电子的这种“跃迁”现象是自然界物质的普遍现象，故然在宇宙空间中充满着电磁波，所谓背景温度应该是最弱的那种。

至此，读者们还需特别注意：光速并非运动速度。切勿将光速等同于运动速度乃至物体运动速度。一般看来，光波源于电子“跃迁”的副作用，然而，通过更深层次的观察可以发现：光在本质上是动元间邻域阻力所引发的引力波。我们之所以能够看到物质物体，归根结底是因为时空球面膨胀施加牵拽作用，致使基本构体发生摇旋，从而导致引力波动反射所致。这种引力波动在遇到与太空相异的由基本构体构成的物质物体时，同样产生二次或多次反射，当恰好在可见光范围内，我们人类就可以看见该物质物体。由于基本构体的构成及其摇旋绕动乃至物质物体运动均为时空球面膨胀的同步驱动所致，因此，由其所引发的引力波与宇宙原速同步且相等。

草木有根，江河有源。大家都知道，万物皆有其处所。那么，无孔不入，与我们形影不离的时间处所又在哪里呢？何处才是时间的位置？关于这个问题，实际上我们在前面曾经讨论过：时间的基本单位就位于时空球面膨胀的顶端动作之处。那正是时间最终的藏身之地。既然光速与宇宙原速同步且相等，这也意味着，时间、光、宇宙原速、宇宙动元实际上是同一家庭的成员。

因此，光速跟宇宙原速一样都是一个恒定不变的独立速度概念。若将时间也视作一种速度，它同样具有独立且恒定的特性。因此，光速不能满足宏观物体速度的合成定律。例如，假设某物体以 15 万千米/秒的速度运动，而光速为 30 万千米/秒。我们可能会误以为光速是物体速度的两倍，即 15×2=30。然而，15×2 实际上等于 15+15，也就是 15=30-15。这意味着光速减去该物体速度应等于 15 万千米/秒，这与实际光速有矛盾。

同样地，许多读物中都有这种说法：如果一个运动物体的速度是 15 万千米/秒，即等于光速的一半。那么这便是 1/2 倍光速。1/2 倍光速就是 1/2×30=15。除法可以看作连续减去相同的数，则有：30-15=15。等于说一个光源在以 15 万千米/秒速度的退行物体上发出的光线速度是 15 万千米/秒，这与光速的恒定性质相冲突。

光速与光源的运动速度无关，与观察者的运动速度无关。无论在何种惯性系（惯性参照系）中观察，光在真空中的传播速度都是一个恒值，不随光源和观察者所在参照系的相对运动被改变。这个数值便是 299,792,458 米/秒。这个结论是通过数代科学家长期的观察和实验并通过联立求解麦克斯韦方程组得到的。然而，有人却认为是运动光源的时间改变了，在上一个例子中认为是时间变快了，快了一倍，15 万千米/0.5 秒还是等于 30 万千米/秒。如果光源与观测者的时间有不同，就意味着光速是变化的，那么两者就不会同时出现，测量光速便是无稽之谈，可谓荒谬至极。

这表明，在作为速度量纲时，光速并不服从一般的数学运算规则，因此不适用于常规的数学计算。类似于“两倍光速”，“光速的一半”，“超光速”，“1/3 光速”等提法都是错误的。借用光速作为距离或时间量度则另当别论。

光速不变原理

光速不变原理与宇宙原速规律相吻合：对于任何惯性系的观察者，无论处于何种运动状态，其宏观速度加上微观速度跟光源的宏观速度加上微观速度总是等于宇宙原速——既然观察者的速度与光源的速度相等，所观测到的光速当然完全一样。

也许大家认为疑问还在于观察者、光源和光速都等于宇宙原速上：既然三者的速度都相同，不就意味着相对测不到速度吗？好比在一辆行进中的公共汽车上的三个座位乘客，彼此间怎能观察到对方的快慢程度？

千万不要忘记，无论任何惯性参照系包括光源在内，都归属于宇宙连动系统。宇宙连动系统实际上是负膨胀球面系统运动，而光所体现的引力波则发生在正膨胀球面且仅依赖于正膨胀球面传播。负膨胀球面对于正膨胀球面是交叉联动关系，人类测量光速其实是针对负膨胀球面的一个定点所产生的引力波经过正膨胀球面后到负膨胀球面的另一个定点所需的时间。正如两辆对开的公共汽车，司机经过对方车头到车尾需要时间的情形一样。

同样称为速度，然此速度非彼速度，光速是发生在时空球面的终极速度，是一个不变的整体概念，而自然界运动物体速度则是发生在惯性系中的相对速度。光速遵循的是时空球面运动法则，自然界运动物体速度本也遵循自然速度梯级承接法则，但由于人们在观察物体运动时从未考虑到微观运动情况，习惯沿用经典力学法则，故与宇宙终极运动规律有冲突。我们切莫以传统速度概念去理解光速。

13、绳圈悖论

我们用一把剪刀很随便就将一根绳索或者一个橡胶圈剪开，看起来这并不是什么复杂问题。问题在于，无论我们在绳索或橡胶圈的哪个位置剪开，切口处总是空的，不存在任何物质，如图 12 所示。这不禁让人疑惑，绳索或橡胶圈本身是否也不存在？然而，它们又实实在在摆在我们面前。这无疑构成了一个悖论。

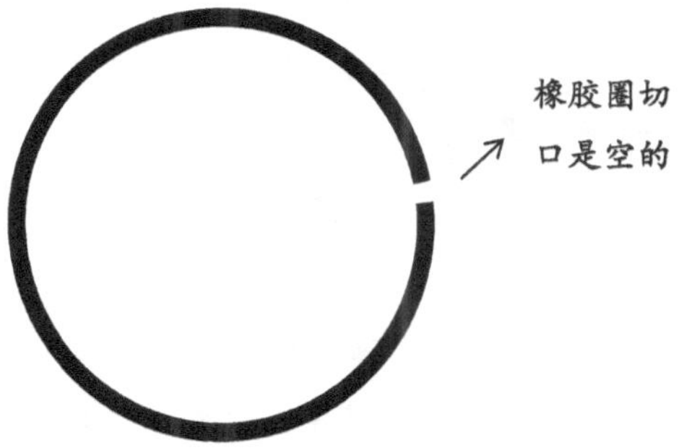

图 12　绳圈悖论

广而论之，自然界一切都存在这种悖论，原因是宇宙膨胀并不连续，而是在自然界与其“对立面”交替变化中膨胀，情如电影胶片以每秒 24 帧播放那样，只不过宇宙逐级膨胀的速度是宇宙原速。之所以理论上我们能够断开一切物体，一方面原因是我们的宏观速度赶不上宇宙原速，更重要原因是我们的工具没有足够精细。如果我们的动作赶上宇宙原速并且工具像宇宙动元一样精细，就有可能碰到时空球面。

任何空间（物体也是空间）都是时空球面的一部分，绳索和橡胶圈自然也不例外，二者本质上都遵守膨胀球面运动法则，都是在运动中存在。而在运动中存在的情况就与上文介绍的跨越经历态的情形一般，这里不再繁述。

14、本轮宇宙的半径和年龄

本轮的宇宙年龄有多大了！它的半径又是多少？

根据相关报道：月光从月球传到地球的时间只要 1.3 秒，也就是说只需眨一下眼的功夫。可是这么短的时间，它的路程却有 38 万多千米。

至为重要的是，人们发现月球轨道正以每年 3.8 厘米的速度向外偏移，即每年远离地球 3.8 厘米。根据相关资料显示，这是当年美国航天员登陆月球时曾在月球表面放置了一面镜子，由于月球是永远以同一面朝向地球，那面镜子也永远面向地球。科学家们先从地球向月球上的镜片发射激光束，再记录光束反射回来所需的时间，从而轻易地计算出地球和月球之间的距离。这个测距方法准确度极高，即便地月之间相距 384,000 千米，误差也仅有 3 厘米。正是凭借如此高的精度，人们才发现月球正以大约每年 3.8 厘米的退行速度远离地球，这显然是时空球面膨胀的结果。

我们假定月球每年 3.8 厘米的退行速度是准确的，当然这个数据若有误差也无碍，用下面的方法都能算出本轮宇宙的半径和年龄。

以上两个数字之比 $38\times10^{-8}/3844$ 便是时空球面的膨胀率。

确切地说，以上两个数字之比 $38\times10^{-8}/3844$ 是测算当年的宇宙球面膨胀率。

已知：月地距为 384400（*km*），月球每年远离地球的速度为 3.8*cm*，1 光年 $=31536\times10^{3}C.$（*km*）.

设：Q 为宇宙年龄，1 年前宇宙半径为 L，$a=31536\times10^{3}C.$

即：宇宙半径：　　　　　　$R = L + a$　　　　　　　　　　（1）

宇宙年龄：　　　　　　　$Q = \frac{R}{a}$　　　　　　　　　　（2）

即有：　　　　　　　　$\frac{38\times10^{-8}}{3844} = \frac{a}{L+a}$

$3844\times31536\times10^{3}C = 38\times10^{-8}(L+31536\times10^{3}C)$

解得：　　　　　　　　L=95703461043170778947368

代入（1）（2）式：　　　R=95703461052631578947368（km）

Q=10115789473（年）

这个推算是当年的结果，距今已过 50 多年。月球以每年 3.8 厘米的速度远离地球而去，并非“潮汐锁定”的结果，而是时空球面膨胀的结果。从以上的数字看来，这一周期宇宙的年龄既非 150 亿年，也非 200 亿年，而是 101 亿年多一点。具体而言，今年是人类纪元 2025 年，同时又是宇宙纪元 10115789473+56 年！

据此还计算出地球正以每年大约 15 米的速度远离太阳而去。

这样的话，值得大家关注的一个问题是：我们的地球根本就不用担心会变热。温室效应不外春寒秋暖而已，很不可靠，倒是尽早提防变冷才是。因为地球远离太阳而去，根据宇宙原速所表述，一旦到达外层轨道，其连动系统就会发生重组现象，原先包括公转、自转、章动在内的运动也随之发生改变，那样的话，我们身边的一切自然景象正如地球外层行星那样将要变得一派寒凉。到了有一天，当你不经意间抬头仰望天空，猛然间发现太阳比平时小了许多的时候，精灵们的命运就很难说了。

宇宙演化是以熵增方式，从简单到复杂的过程。在宇宙循环中，每个周期都会出现星系、恒星、行星乃至生命的情形。由于一切都是遵守自然速度阶梯承接规则的运动，因而形成物体趋利避害的运动规律，亦即顺者昌逆者亡——顺其规则者存，逆其规则者亡。这等于说自然界万物运动都具导向性。这个导向性实质就是自然选择。那么，在某种特定的环境下，比如具备碳、氢、氧、温度等自然条件，便会出现大量的榫卯界面。榫卯介面，就是分布着无穷榫和卯的接触面。其中数以亿计不同型号的凹凸体，形成了一个强大的捕捉机关，好像一间家私工厂，只要将型号相同的榫卯对接上，便构成了一件完整的家私一样。当然，自然界的榫卯介面远不止一件家私所能形容，甚至比我们想象的还要复杂不知多少倍。可以这样说：自然界的一切物质乃至声音、光、温度、色彩都在榫卯介面的捕捉范围内，从而形成了分子链，再通过不断重复耦合进而产生了生命。不难理解，生命体的实质与宇宙星球一样同是趋利避害的运动体。

宇宙演化之所以总以熵增方式，其根本上是因为万物运动都遵循万向规则，由此导致趋利避害的自然选择也具万向性质。这就意味着一切皆有可能，出现生命也就理所当然。是故，未来的精灵或者比现在的更加精灵也未可知。

15、一片大叶栎

这里讨论的不是植物，而是人类的起点问题。尽管关于这方面的著作汗牛充栋，但多数仍显得语焉不详，未能详尽说明。其原因固然涉及宗教与政治因素，但导致这方面的研究陷于无源之水，无本之木的根本原因无疑是缺乏界定人与动物的标志性实物。要准确回答人类距今有多少年的问题，首先需要厘定人与动物的界线。有了界线，对人类起点的探索才具标准化，否则这种探索要么终究去不掉政治或宗教色彩，要么让人类对自身的起源无法捉摸乃至沦为伪科学的牺牲品。

经典哲学、生物学以及人类学在区分人与动物的标准上，通常包括以下几个方面：

- 人是唯一全时直立行走的哺乳动物；
- 人会使用工具；
- 人懂得运用语言；
- 人具有思想。

对此，笔者不作过多评论，只想指出：区分人与动物的标志性实物是男人的喉结。依据在于喉结是人类“知羞”的产物。何以见得？请耐心往下阅读，答案自会揭晓。

我们民间有一句俗话叫做：“人类知羞不知足，动物知足不知羞”。说明中国人在很早时候就认识到羞耻是自身有别于动物的基本特征。确实，羞耻感是人类告别自身动物性而区分于其它动物的首要标准。德国哲学家舍勒也认为羞耻感是人之为人的根本性标识：何以为人以及何以可能为人，皆以羞耻感所标识的精神为依据，正是这种精神使人有可能成为人。

事实羞耻感是人类自我保护的一种条件反射，属于不自觉的意识现象。当人们面临或预感到需要面对有意识的环境时，这种情况就会出现；反之则不会。例如，当一个人对着一片松树林或一群野生动物时，通常不会产生羞耻感。值得注意的是，人类的这种自我保护行为主要针对意识层面的侵害，当人们自身或与其有利害关系的弱点或行为面临意识侵害，如遭遇歧视、嘲弄时，会本能地表露出羞耻感。然而，当这种侵害消失，或在相当熟悉且对等的小范围内，羞耻感也不会出现。例如，男女亲热，若发生在对等的情况下，一般也不会出现羞耻感。

所谓意识方面的侵害，通常是指在肉体受到攻击之前的一种缓冲行为，实际上也可以被视为对方实施攻击前的一种蓄势举动。例如，一个人无端被公开指名谴责或隐私被揭露；有的人当众被羞辱其生理缺陷，接着被孤立、被边沿化，紧接着可能遭遇贴身攻击。因为这些行为的最终目的是通过某种手段击倒对方。

从生物进化的角度来看：当个体的弱点或行为遭受同类的意识侵害时，往往会不自觉地表现出脸红或其他尴尬反应。这种行为本质上是为了放大自我存在感，以掩饰自身的弱点和不当行为，从而转移对方的注意力，借此规避潜在的隐形侵害。这与面对其他生命威胁时下意识产生的本能保护机制类似，区别在于前者源自心理层面的“软件”因素，而后者则源于生理层面的“硬件”因素。意识侵害为人类所独有，因此羞耻感也为人类独有。

衣服对人类而言，主要承担两大功能：遮羞与避寒。但需要弄清楚人类究竟是为了遮羞还是为了避寒才使用衣服。笔者倾向于后者：早期人类为了生存，从赤道地带向北迁徙。冬季来临时，由于身体无法迅速长出厚重的皮毛，只能躲入洞穴避寒。由于人类没有冬眠习惯，出于觅食的需要，只得使用一些物件将身体严实地包裹起来外出活动，这便是最初的服装雏形。待到春夏季节，毕竟没有赤道地区炎热，身上的“服装”仍无法完全脱去，久而久之便逐渐形成了一种习惯。

繁殖，是引导动物行为的核心，人类的意识产生也源自繁殖。这里需要特别强调的是：人类并非在拥有思想之后才产生羞耻感，而是先有了羞耻感，随后才逐渐形成思想。这是因为羞耻感与种群繁衍密切相关。我们知道，基于趋利避害的本能，生命总是将壮大自身种群视为首要行为，即繁衍是驱动一切生命的无条件导向。羞耻感与人类繁殖之间的关系，是自然界动物最原始的思维与实体之间发生的关系。一旦这种关系确立，那一刻便标志着动物向人类的转变，成为人类活动的起点。

用一个浅显的比喻来说，这就像芯片与原始程序的关系。单独的芯片不能称为计算机，单独的程序也不构成计算机，只有两者结合，才能真正称之为计算机。同理，如果羞耻这一思维萌芽在动物身上扎根，该动物便会发生质的变化，成为其人性化的标志。因此，一旦有动物形成这种互动，它便跨入了人类的行列。

这个具体时刻发生在何时，似乎有些难以捉摸。但也未必如此。实际上，在我们的身体上就有一个明确的标记，那就是男人脖颈上的喉结。喉结之所以长在脖颈而非肚脐或尾骨上，既是为了使其更加显眼，同时也是为了改变男人的声线，可谓一举两得。

那么，为何马、牛、羊、猪、猫狗等没生喉结呢？

这个情况另有隐情。话说动物，我们通常依据其体肤毛发的状态，大致将其分为两大类：即圆毛类和扁毛类。如马牛羊猪猫狗等和人的毛发都呈圆条状，即为圆毛类动物；鸡鸭鹅鱼蛇鸟们的毛发都为扁平状，归结为扁毛类动物。但无论圆毛类动物抑或扁毛类动物都存在一个共同情况：凡将生殖器官遮掩得严严实实的，只要听到发叫声音无需仔细观察便能分清公、母，比如鸡鸭鹅鸟之类；凡生殖器官凸现外露的，假如是瞎子，光靠声音不用手去触摸的话就无法辨认雄雌。皆因公、母叫声无法区分，比如马牛羊猪猫狗等。唯独人类，本是圆毛类动物，吵架时也应该男女一样，像孩童以及个别人数很少的裸族部落群体那样，发声一致才对。然而，事实并非如此：男性呼喊时声音粗犷带苍凉，女性呼喊时声音冷冽带尖厉。这是为何？无非因为早期那“服装”不经意间把用于生殖的玩意给遮掩住了。

就是隐藏起来了！你可知道，差一点就乱了套，当时由于眼神不太好使，大家又都不理毛发，本来轮廓分明的东西仔细望过去竟然一派模糊，哪个是男哪个是女鬼才知道，遑论前门后门（尤其是夜间）——性的混乱不堪言状。接下来的情形不说你也明白：对象经常搞错不说，呲牙咧齿的尴尬场面随处可见，既浪费资源又透支体能。有那些性趣不合者就大打出手，浑身淤青莫用提，更加严重的情况很快就突现出来：忽然有一天，人们发现人烟稀少了许多。那一片遮裆的大叶栎竟然威胁到生殖仔崽，这可使不得。于是，当时大自然进化之主便出来发话：你们如何胆敢将经常使用的东西遮掩得如此严实，怎样分出男女？需要的时候咋办？你一不小心就找错人，别人不小心又找错你，如何是好？事情搞成这样子，呃，既然是做了，形成了事实，你们又有了些许想法，那只套管和那一片大叶栎就没必要取下了，但你们男人喜欢经常斗殴嗥叫强侵人体，干脆在你等喉颈上安装一只共鸣器则个，把那鸟声音给变了好；诚然，为了男女平等，公平起见，你们这些女人也要有些改变，在跟男人睏觉时要发出少许叫声（特别在夜间），表明母乸，不然会搞错对象。于是，男人们好端端的脖颈便生出个疙瘩来，那嗓音变得既阴沉又苍凉。女人的感受也从眼睛转到耳朵，在隐蔽的洞穴中更为可靠。由于人们的生理出现了变化，那个共鸣器始终取之不下，这成了男人们挥之不去的暗伤和心病，总觉得无地自容，因而产生了羞耻感。自然，女人在听闻男人的声音变得如此沉重，基于条件反射，也有了些许羞耻感觉。后来发觉身边的同类们全是这样，反正也未造成不便，才逐渐恢复返状态。

正如所述，动物变成人类之初，并非即刻就拥有如今概念的衣冠巾带，在温热时节无非随手可取的诸如竹木套管、动物皮毛乃至大叶栎之类敷衍一下，草草遮掩了事，但意义上仍算服装一种。当然，大自然进化之主是公正的，出于同等考虑，干脆把鸡鸭鹅等也给变了，谁叫佢屁股生得那样隐蔽。至于马牛羊猪猫狗之辈就没那个必要了，它们都很自觉地将屁股袒露出来，一眼扫过便知乾坤。若猩猩猴子们更是急进，你知道它们为什么至今没有变成人类么！就因为它们不但没有遮住那个臀大肌，而且尚嫌不够显眼，特意将牠染成橘红色，以为那样才好看。

突破性进化一般都发生在竞争极端激烈的族群在接近消亡的时刻。因为非正常的性竞争直接威胁到族群的繁衍——人类从使用衣服到性混乱，族群正面临灭绝边缘，所以才将男人的脖颈安装上喉结把问题处理好，从而形成了知羞的根本性标志。这个过程按理不会太长久，否则早就没了人类这一族。

生命的思维形成同样是趋利避害的自然选择结果。有的人认为灵长类动物也有简单的思维，甚至懂得使用工具。但彼思维非人之思维，二者存在着本质性区别，关键点就在“知羞”二字上。人类学家们若通过采集化石之类因此发现人类喉结的形成年代，就能厘清人类远古的进化过程。

趋利避害不仅是自然界的运动法则，指引着万物的行为，同时也是动物向人类演化的驱动力，更是万物变化与发展的内在逻辑。

结语

向来，最让人类担忧的事无过于太阳的燃料被消耗殆尽，世界的末日到来。然而，终人之一生，并未见太阳的热度稍有消减。既然太阳是一颗巨大的氢弹，为何偏要慢慢地燃爆乃至历时 100 多亿年没有丁点儿消亡迹象。相比之下，我们人类制造的氢弹爆炸，仅需万分之几秒，粗略估算，若要持续爆炸 100 多亿年，所需氢弹的数量及其质量，恐怕早已远超太阳。更何况按照目前太阳的温度和压力，“氢弹”断不可能儒雅地燃放，而应该是瞬时爆发才对，何以耗时如此长久？

这个问题如果得不到令人信服的解析，杞人忧天的事估计还会严重下去。细心的读者在阅读本读物后，便会释然：阳光之所以能让我们细细品味，是因为它的释放受到了时空球面增幅的限制，根本不可能在瞬间爆发完毕。

我们对宇宙的全貌知之甚少，其关键在于大家对自然界对立面的无知。自古以来，我们一直生活在宇宙的自然界这一侧，没有其对立面的基因传承，缺失对其存在感知，因而无法创造描述那方面的语言文字。关于宇宙的概念，本应包含其对立面才算完整，然而，由于我们对那方面想象的欠缺，导致无法对其准确定义。

读者能否描述自然界的对立面？它并非“不存在”，而是处于与之对立的状态。笔者通过观察发现，欧拉恒等式 $e^{i\pi}+1=0$ 涉及这一方面。

欧拉恒等式也被称为上帝公式，人们普遍认为它非常美丽，但至今无人真正破解，也就是说只有上帝才能明白。这是为什么呢。

也许是因为式子包含了迄今为止人类关于数学的最顶尖、最深奥的 3 个数：π、e 和 i，其中两个超越数：自然对数的底 e 和圆周率 π；一个

虚数单位 i。实际上只要将式子转换成 $e^{i\pi}=i^2$，我们就能窥见宇宙全貌，则：恒等式的左边 $e^{i\pi}$代表宇宙，其中 e 代表自然界，π代表运动，i 代表自然界的对立面，而 i^2 代表“諄谬域”。用语言来表述，即：与“諄谬域”相对应的是自然界及其对立面以π法则运行的宇宙。

另一个需要注意的问题是，所谓单位圆，似乎是一个近似命题：因为任何被确定半径的圆都是恒动的。此外还有虚数：它是“隐藏”在我们看不到的地方，并且与负数关系密切的数。可以推想，它代表了自然界的对立面。

宇宙是一切存在，包含自然界和其对立面，除此没有之外。一张白纸有两面，两面之外有辽阔的空间，而宇宙没有两面之外，没有之外的虚无，也没有之外的绝对空间，没有任何人类想象和幻想的概念属性。所谓“时空隧道”、“平行宇宙”等概念，均为人类的臆想与幻觉，它们不会存在于宇宙“之外”。

空间是不断膨胀的时空球面；时间是空间更新；空间更新反映的是宇宙原速；光波是被空间更新所反映的引力波。反观宇宙原速，千百年来未为人们所发现。综观人类文明史，从古希腊哲学家到中世纪天文学家，再到牛顿乃至爱因斯坦，似乎没有哪个理论能够解析宇宙之谜。实际上，只需从自由落体问题入手进行思考：自由落体加速度与普通运动物体加速度完全两回事，其与质量无关、与初速无关，只与引力有关。而引力则与宇宙膨胀有关，宇宙膨胀又与球面恒动特性有关……

果然如此，自从发现宇宙原速，犹如获得宇宙密钥，借此切入自然界疑难问题，几乎迎刃而解，如此巧合绝非偶然。究其根源，人类长期受限于静态思维，缺乏涵盖宇宙全貌的联想与思辨能力。再如“对立面”的意义，联系到经历态和藤圈悖论，均呈现出恒动特性，这与自然界的现实相呼应，表明其亦属宇宙范畴。

诚如前文所述，宇宙是唯一空间，没有之外。盖因宇宙之外即是空间之外；空间之外即是时间之外；而时间之外即是过去与未来，亦即前一刻与后一刻，那是什么？无人能够解答，故以“悖谬域”一词称之。由此不难理解：基于终极描述，文中难免使用大量生僻词汇，但求接近原义，聊供广大读者解惑析疑。同时，若能领会著者用心，还请大家一起努力才是。

2025.09.25

参考文献

爱因斯坦：《广义相对论基础》、《论动体的电动力学》。

牛顿：《自然定律》、《自然哲学的数学原理》、《光学》。

开普勒：《宇宙的奥秘》、《世界的和谐》、《鲁道夫星表》。

霍金：《时间简史》、《果壳中的宇宙》。

加道来雄：《超越时空》、《黑洞与弯曲的时空》、《平行宇宙》、《超越爱因斯坦和超空间》。

陶同：《进化中的宇宙》。

乔治·库布勒：《时间的形状》。

索尔·珀尔马特、布来恩．施密特、亚当·里斯等三位科学家因为“通过观测遥远超新星发现宇宙的加速膨胀”。

马克斯·舍勒：《道德意识中的怨恨与羞感》、《同情感与他者》。

www.ingramcontent.com/pod-product-compliance
Lightning Source LLC
LaVergne TN
LVHW100159061126
851857LV00010B/320
* 9 7 9 8 3 3 7 0 8 9 5 2 2 *